2013中国建筑新人赛

主　编

唐　芃

编委会

王建国　龚　恺

唐　芃　屠苏南

朱　渊　韩晓峰

张　敏

东南大学出版社·南京

CHINA
2013
中国建筑新人赛

Chinese Contest of The Rookies' Award
for Architectural Students

CHINA
2013
建筑新人战
"UDG杯"中国建筑新人战暨第2届"亚洲建筑新人战"中国区选拔

An Apple of Idea

序

龚 恺

2013年7-8月间，在南京东南大学建筑学院举办了第二届"中国建筑新人赛"，参加对象是建筑学院一至三年级的本科学生。因为建筑学通常要学五年，所以三年级及以下的学生不光对职场而言是新人，在学院里也是名符其实的"菜鸟"。

说起新人，脑海中很快会浮现出许多赞美之词，如"初生牛犊不怕虎"、"长江后浪推前浪"、"小荷才露尖尖角"等，确实，大三以下的学生虽然在设计的路上还刚刚起步，但在这次赛事中所展现的成果，体现出低年级学生同样具备较好的创造力和表达能力。

当今中国建筑教育中，有着众多的建筑学校。虽然每个学校的教学理念不尽相同，教师学生有很大的差异，教学成果也百花齐放，但是基本的设计教学方式却比较一致：我们需要经常采用"设计作业"制度，这种教学是这个专业有别于其他专业的一种特殊方式。在建筑学院的设计教学中，大学里常见的课堂授课被讨论所替代，知识传授的重点不在于教师的讲解和学生的记录，而在于教师不断鼓励学生作出一次次新的操作和尝试。这种教学方式下的成果检验，当然就不会是通常意义下的考试，而是对学生作业的评审。

在这样的背景下，这次赛事有不少新意。首先它不是现在社会上众多的"命题式"竞赛，参加者的作品是其在学校做的课程作业；其次，学生们自主参加，而不是完全依靠学校的组织，可以说是一次民间活动；再则，在所有参加的作品中，评出了前100、前16和前5，让参加的学生又真真切切地体会到竞赛的感觉，这种模式参照了四年前在日本关西开始的"建筑新人战"。

本书是对这次赛事的总结和回顾。建筑学院的学生作业评审应该是教学中非常重要的一个环节，它必然是教学中不可或缺的部分。在世界各地笔者曾经参加过很多次这样的评审，有很多次被深深感动，其原因不光是所展出的内容，更多的是教师、学生和其他公众的参与程度。在这样的活动中，参加的人员不是一个有距离的观赏者，而是教学活动的互动者，笔者为参加这样一个盛大而美妙的教学节日而感动。

最后，需要感谢的是，在本次活动的策划和组织过程中，许多教师和学生志愿者投入了极大的热情。希望这个赛事能长期坚持下去，为低年级学生提供舞台、发现新人的同时，促进各校之间的更多交流。

CHINA
2013
建筑新人战

"UDG杯"中国建筑新人战暨第2届"亚洲建筑新人战"中国区选拔

God Lives in Details

目　录

写 在 前 面

中国建筑新人赛

　　2010 年一次偶然的机会，笔者结识了神户大学的远藤秀平教授。当时他作为日本当代新锐建筑师，应邀到清华大学访问并作演讲，笔者作为特邀翻译前往北京。演讲之后，又陪同他参观了国家大剧院等建筑。参观过程中，远藤教授聊起他在日本的建筑教学和建筑设计工作。于是笔者邀请他在那年的 6 月访问东南大学。除了希望他能作一次讲座外，也想请他作为日本的建筑学教育者参与东南大学建筑学院的期末评图，以此为契机，进行一次教学上的交流。

　　2010 年 6 月，远藤教授如约来到东大，参加了我们三年级的期末评图。当时的课程设计作业是"文化艺术中心"。答辩的过程中，学生们对于设计任务的深入思考，对场地环境的回应，以及作品较高的完成度给他留下了深刻的印象。当时，全国高校建筑学八校联合毕业设计成果展，也在南京的科学会堂举行，我们带远藤教授去参观了展览。通过这些活动，远藤教授对中国建筑学学生的设计水平，各大高校的教学理念等有了较为充分的认识。在南京访问的几天中，他与我们谈起"日本建筑新人赛"*。当时，这个赛事作为日本全国三年级及以下学生设计作业竞赛在日本正备受关注。竞赛于每年 10 月的第一个周末在日本大阪市，原广司设计的大阪新梅田空中花园举行，同时展出作品。2010 年是这个赛事首次向亚洲各国拓展的一年，他们

神户大学教授　远藤秀平

正打算邀请中国、韩国等国家的建筑学院三年级的学生去参赛。在东南大学、清华大学等高校了解了我们的学生作业后，日本建筑新人赛组委会向我们正式发出了邀请，希望我们的学生去参加日本建筑新人赛海外板块的竞赛与作业展览，并与日本的学生作进一步的交流。就这样，2010年10月，东南大学、清华大学、同济大学和华南理工大学的4位学生带着自己的模型与图纸，懵懂地来到大阪，展出了自己的作品；同时也带着好奇与惊讶，参观了日本学生的作品，观看了他们的现场答辩与师生互动；见到了原广司大师，听了演讲；赛后，这些同学还参加了和日本学生的联谊，并参加了建筑参观短途旅行。

去参赛的几位同学及指导教师，包括笔者本人，不仅仅被日本学生作品的想象力所打动，更被这种竞赛的组织方式所吸引。首先，学生作品投稿是全开放的。只要符合两个条件：一，作者／参赛者的身份是三年级及以下的学生；二，投稿的作品是作者／参赛者一到三年级时任意一次课程设计作业即可。其次，在经过海选以后，进入前100名的同学要将自己的模型和图纸按照要求送到会场，参加作品展。展览向全社会开放，在这里可以看到来自日本全国各高校的建筑系学生作业。同时，作品的选拔和评审是全公开的，从前100名中挑选出前16名是评委们在现场当场投票统计后得出的，而参赛的学生也可以跟随在他们身边，听他们讨论作品。最后从这16名中选出前5名以及第一名的过程是通过公开答辩完成的。学生与评审委员之间有多次的互动与问答，而近千名观众在台下现场观看答辩，等待结果。

虽然笔者在日本多年，十分熟悉日本设计竞赛的流程，但亲眼目睹一个学生作业竞赛的组织全过程还是第一次。这个赛事的组织方式非常独特，由来自全日本的近200位学生志愿者与组委会的老师共同参与。主要的竞赛流程、

亚洲建筑新人赛组委会主席　李暎一

第二届亚洲建筑新人赛宣传海报

2012日本建筑新人赛上中国选手获奖作品

2012日本建筑新人赛上中国获奖选手和评委

评选方案由组委会的老师决定，但大部分日常的工作，例如网络宣传与外联、联系赞助商、财务管理、接收作品、布置会场、联系和接待评委、接待来自全国各地以及海外的参赛选手、组织采访、现场辅助等，这些事情都是由学生志愿者来完成。从每年5月网上发布赛事信息，到10月大赛结束撤展，在此期间，志愿者们把所有的休息时间都投入到赛事的准备过程中。整个赛事严谨有序的组织，活泼热烈的气氛，使我们深深感受到日本学生强大的社会实践能力和组织能力。

2012年，日本建筑新人赛的海外板块将邀请范围逐步扩大到中国、韩国以外的越南、泰国、印尼等诸多国家。海外参赛各国也都拿出了能够代表自己国家最高水平的作品展现在大家面前。作为每年都带领学生参加这一赛事的老师，笔者看到日本建筑新人赛在日本国内的成长，以及他给亚洲各国带来的影响。也就是在这一年，以远藤秀平、李暎一等几位主将为首的建筑新人赛组委会将这一赛事拓展到了亚洲。2012年11月，第一届亚洲建筑新人赛在韩国举行。亚洲各国以本国建筑新人赛的形式评选出最优秀的学生作业，聚集到韩国参加亚洲总决赛。2013年，日本建筑新人赛取消了海外板块。第二届亚洲建筑新人赛由日本承办，于2013年10月6日在大阪举行。

在第二届亚洲建筑新人赛之前的8月20日，由东南大学建筑学院主办、联创国际设计集团（UDG）赞助的第二届中国建筑新人赛的优秀作业评选活动，也就是本书记载的这次赛事，在南京举行。在5月的准备会上，我们讨论了竞赛的组织方式和流程，决定引入日本建筑新人赛的模式，突出"自主、开放、交流"的主题。学生作品的投稿不以学校为组织单位，而是由学生自由投稿。竞赛的流程也在网上随时公开。从学生报名投稿的数量、人人小站和中国建筑新人赛微博粉丝的数量来看，这个竞赛在全国的学生中间得到了很大的关注。在 7 月的海选投稿中，我们收到了来自全国 50 个大学的 446 份有效作业。经过第一轮的海选，来自 29 所大学的 100 份作业进入了决赛和作业展示。决赛投票现场允许学生和评委同时在场，可以互动，投票过程是在观众的参与和跟随下完成，形成 Best16 的获奖名单。竞赛的高潮是评选前 5 名的现场答辩，选手们的发言条理清晰，评委们的评论风趣幽默，吸引了各大高校的同学前来观战。亚洲建筑新人赛组委会也派出了远藤教授、李暎一教授等来观摩。作为竞赛的附属活动，他们给学生带来 4 场讲座。评选中他们参与了对学生作品的提问，以及最后的总结。经过答辩，来自香港大学、天津大学、东南大学、西安建筑科技大学和华南理工大学的 5 位同学获得优秀作业奖，他们代表中国参加了 10 月在日本举行的亚洲建筑新人赛。

2012年日本建筑新人赛会场

优秀作业的评选固然是竞赛的重要环节，但是我们认为，用模型与图纸的形式展示全国各高校的学生课程设计作业，这本身就是一种很好的交流方式。通过展览，可以直观地看到各学校的教案、教学思路和教学理念，以及对教学成果的不同的要求。同时，各个学校的学生齐聚南京，通过建筑新人赛搭建起沟通的平台。在整个竞赛过程中，无论是学生和评委老师，还是学生与学生之间，都有了很好的交流，很多人在赛后成为挚友。

中日建筑系老师参加交流活动

第一次这样组织设计竞赛，缺乏经验，很多时候捉襟见肘，应顾不暇。好在这个竞赛从一开始就组织起了一支 36 人的志愿者队伍，网站维护、纪念品制作等充分发掘了学生课堂以外的能力。从对外宣传开始，除了利用一般的网络形式之外，都是靠外联组的学生去各高校联络与通知。我们的志愿者大多数是本科三年级，本身也是本次竞赛的参赛者。8 月的南京，正是最热的季节，白天室外气温达到 39℃以上。他们几乎整个暑假都留在南京,宿舍条件有限，

日本建筑新人赛获奖作品

李暎一教授参加2013中国建筑新人赛评审

没有安装空调，每个人晚上都热得彻夜难眠，白天他们却又精神饱满地投入繁杂的工作中。有他们的努力，才使得2013年的这次建筑新人赛基本达到了我们预期的目标。在决赛会场，我们看到学生们陆陆续续从全国各地赶来，他们有的是从沈阳、广州、西安等地带着自己的作品，坐了几天几夜的火车；有的是父母帮着带行李，搬运巨大的模型，一路风尘仆仆。我们不禁觉得，参赛者以及他们的朋友和家人的如约而至，是对我们最好的支持与信任。因为展览是向全社会开放的，在展览期间我们还接待了南京本地的市民。无论是大人还是孩子，他们都是第一次这样近距离地接触建筑学的教学成果，感到新奇的同时，很多人向我们咨询、提问，也对我们给予了厚望。向社会展现建筑学子们的思考，获得社会对建筑学专业更深入的了解，这也是我们举办这次竞赛的一大收获。

又到4月，初夏的阳光透过梧桐树叶洒在东大的校园里。每到这时我们就有一种希望一种愿想，似乎是该做点什么的时候了。中国建筑新人赛是一个舞台，在这里同学们展现自我、表达自我，今天的青涩连接明天的光彩。我们希望每年都能搭建起这样一个舞台，邀请每一年的"新人"在这里表演，生生不息。让我们相约2014年8月的南京！

唐 芃

2014 年 4 月

于东南大学中大院

远藤教授在2013中国建筑新人赛签名

* 从2014年开始，"建筑新人战"将使用中文的习惯说法，更名为"建筑新人赛"。在本书中，会出现两个名称共存的现象，是因为部分评语和文章是在竞赛更名之前写的，特此说明。

竞赛规程发布
通知发送到各高校
人人小站建立
微博建立
志愿者团队组成

预赛作品投稿截止
登记投稿作品
准备预赛会场

预赛海选开始
选出100名入围作品
公布名单
发布决赛规程

网络平台

东南大学
逸夫建筑馆

东南大学
中大院

2013.08.19

决赛选手集结南京
展览会场布展
系列演讲活动

2013.08.20

决赛当日
当场投票选出前16名
前16名参加答辩
当场投票选出前5名

2013.10.06

亚洲建筑新人赛
前5名选手代表中国参赛

南京科学会堂
展厅

南京科学会堂
展厅
报告厅

日本大阪

评 委 寄 语

新人战给各校的低年级设计教学提供了一个很好的交流机会。

此次新人战交来的作品真不少，但普遍的感觉是空间创意不够。我们一个评委手中有 50 张票，但很多人到最后还有票发不出去，说明吸引评委的作品还不够多，有些作品看来还是注意表现更多一些。

因为是首次海选，有些作品图纸超过了要求的张数，今后还是应该严格限制，不然就不够公允且增加了评委的工作量。

东南大学建筑学院　龚　恺

"新人战"是一个建筑学子同台竞技的很好的平台，希望能够很好地起到激发同学们专业兴趣、开阔视野的作用。祝国内学子在亚洲赛中取得好成绩！

哈尔滨工业大学建筑学院　孙　澄

"新人战"贵在两点：一是创新，二是挑战。此次新人战的许多作品体现了同学们的努力和追求。祝更多的同学最终取得成功。

清华大学建筑学院　王　毅

作品很多，闪光点不够明显。设计应该是有思想的，建筑的存在与社会、周边环境、行为心理有极大的关联。运用巧妙的手段、简洁的语言完整表达设计意图，才是最好的作品。

作品是设计出来的，不是画出来的！

重庆大学建筑学院　邓蜀阳

新人战的目的是要找寻那些善于发现生活、理解生活，并能从地域空间样式中提取适应当代生活并将之推进提高的创新型人才。

愿新人战的平台越办越宽，越来越多的学生能参与进来。

同济大学建筑学院　张建龙

新人战活动用意在于评出有创新能力的学生，并通过作品体现出来。我们教育中的重点应始终在人。

评选中是在评学生作业，实际上是检验教学和老师。其中看到好多当前专业教育应当注意的问题：设计任务书的目的是什么？是培养学生能力还是只是完成一个项目，或者只是师生大家觉得好玩？

严肃和符合教学规律的教学才能真正推动中国建筑学专业的发展，这需要大家共同努力，并祝新人战的平台提供更多的交流，推动教育的进步。

华南理工大学建筑学院　肖毅强

"新人战"虽然要求提交一年级至三年级的课程设计，但是不应该仅仅停留在完成课程设计。一个好的学生作业应该既有好的概念，又要有深入的方案推敲，还要有完整的表现。

很高兴有"新人战"这样一个平台，能为广大的建筑学生提供一个交流、学习、互相讨论的机会。

天津大学建筑学院　刘彤彤

十分羡慕今天的建筑学专业学生可以参加如此之多的国内外竞赛，尤其像"新人战"这样高品质的国际化学生竞赛平台。再次，望同学们能以"初生牛犊"的状态，交流学习的心态，挑战自我。同时，也非常感谢本次东南大学师生的奉献付出。愿"新人战"越办越好，"新人"辈出。

西安建筑科技大学　穆钧

"新人战"提供了全国乃至整个亚洲学生同场竞技、互相了解的舞台，这是横向的比较；"1~3年级"、"毕业班"、"研究生"乃至将来进入设计院后的竞标，这是纵向的联系。系统地观察建筑设计、建筑教育的格局，推动行业的迅速提高，祝"新人战"能够涌现更多优秀新人、优秀作品。

联创国际设计集团　　邵　宁

一个好的设计课程题目对剖解学生的设计能力，挖掘学生以建筑解决现实中的问题、塑造环境的潜力有着重要的作用。很高兴看到了很多优秀的方案，更看到了名校精心设置的题目。

然而，建筑除却是物质的存在之外，更应为人类创造生活、工作等环境。因此，建筑的设计不应仅仅从形式出发，而应针对前端的问题和概念，推导出设计原则，希望新人能在未来为社会创造更美好的生活。

天津大学建筑学院　　张昕楠

热爱生活，从而热爱这个专业，我认为是建筑设计的最佳状态。在这些"建筑新人"的作品中我们看到对生活的关注以及对建筑本源的思考。建筑新人战是一个舞台，"建筑新人"在这里展现自己、表达自己，得到他人的关注也关注他人。作为组委会的成员，能够为大家搭建这样一个舞台，并将它延伸到海外，我们感到非常高兴。建筑作为我们的共同的话题，相信大家能在这里开拓视野，锻炼能力，广交朋友，从而更加热爱生活、创造生活。

东南大学建筑学院　　唐　芃

注：以上"评委寄语"根据排版需要布置，排名不分先后。

东南大学建筑学院　　仲德崑

在2013年的"亚洲建筑新人赛"评选中，我既担任了"中国建筑新人赛"的评委，也担任了"亚洲建筑新人赛"的评委，在整个活动的过程中我自然有一些个人的感受。

首先，"建筑新人赛"面向三年级及以下的建筑系学生，这种竞赛形式在国内相对来说是比较少的，是一个非常好的形式。我们全国高等学校建筑学专业指导委员会曾经举办过全国三年级大学生建筑设计的竞赛，对全国的建筑教育起到过巨大的推动作用。对于我们建筑学的学生来说，二年级和三年级是最重要的学习阶段，通过这个阶段，同学们从完全不懂什么是建筑设计，达到基本掌握建筑设计的技能，包括设计的启动、构思、发展和表达等方面的技能。所以从这个角度上说，"建筑新人赛"这种竞赛形式是非常有意义的。

其次，过去我们的眼光总是盯着欧美，认为欧美的理论和实践是最值得我们学习和借鉴的。其实，欧美在很多方面跟我们是很不一样的，特别是他们的国情和我们有很大的差距，他们面临的问题也和我们大不相同，比如说他们的土地资源比我们丰富许多，他们的城市规划、建筑设计水平跟我们的距离很远。而日本、韩国、新加坡和中国台湾等亚洲国家和地区在很多方面跟我们是很接近的。尤其是日本，我们现在在城市建设和建筑设计方面所经历的阶段正是他们已经走过的，他们在从传统文化走向现代化的探索过程中，有许多经验和教训是值得我们借鉴的，特别是在建筑教育、建筑设计、城市设计、城市管理等很多方面为我们树立了榜样。

从一大批日本、韩国建筑师的作品中，我们可以看到他们从传统到现代建筑演化过程中的努力，相对来讲，我们国家传统和现代建筑的断裂和冲突是很严重的，日本和韩国的建筑师在这一方面的探索和追求是值得我们奋起直追的。前几年我去日本和韩国考察，留下了很深刻的印象，他们在城市管理和装配式住宅的设计方面领先我们很多，特别是城市管理方面，无论在大城市还是乡村，他们的每一个角落都是经过细心的设计和管理的。另外，我接触过一些日本和韩国建筑师，比如黑川纪章以及这次认识的远藤秀平等人，都是很优秀的。在和他们打交道的过程中，我认为他们的学术水平是很高的。例如这次的普利策奖得主坂茂，他的纸管建筑很久之前就给我们留下了很深的印象，他有很强的社会责任感，这样的建筑师是很了不起的。

我们应该意识到，中国的位置首先应该建立在亚洲的基础上，而在很多方面，中国在亚洲的地位却远远没有达到她应有的位置，中国、日本、韩国的文化说到底都是从汉文化发展起来的，从这个意义上讲，中国在亚洲应该占据一个领导的地位。这些年，我们中国的教学水平和整体设计水平都有了很大提高，特别是一些中青年建筑师的设计作品，让人感觉到很欣慰。我相信中国的建筑、中国的建筑师总有一天会在世界上享有应有的位置，中国的建筑教育也应该在亚洲和世界上独树一帜。

从"中国建筑新人赛"中评选出的 5 个作品参加了日本举行的 2013"亚洲建筑新人赛"。中国学生表现始终很不错，无论从图面表达还是模型制作都有了很大的进步。我们推送的 5 个作品中有 4 个获得了一等奖，另外一个一等奖是日本院校的同学。从中就反映出，这些年中国的建筑教育有了非常大的提高，可以说已经达到了国际水准。当然，日本的建筑教育水平也是很高的。这也提醒了我们，在国际交流、联合设计和一些合作关系中，我们应该把相当一部分精力投放在亚洲国家，特别是日本和韩国。从这个意义上，我认为"建筑新人赛"是一件很有意义的事情，我希望这个活动能长期做下去。

在这次竞赛中，如果说我们中国学生的设计作品有些不足之处的话，我认为就是逻辑性上还有点欠缺，设计表达方面有断裂，有些作品没有把演化的过程讲清楚。而相比之下，境外的学生和建筑师在介绍自己的方案的时候，我们可以看到一个完整的逻辑体系。建筑设计看似是感性的，但感性背后的逻辑体系也应该是很清晰的。从设计到构思再到表达是一个连续的过程，所以我希望我们建筑学的学生今后能加强这方面思维的深度，今后的教学也要强化这方面的逻辑思维训练。

最后祝愿我们建筑的新人能茁壮成长！

华南理工大学建筑学院　　孙一民

建筑竞赛繁荣对建筑师是好事。但目前大多竞赛集中于学生，许多题目的设定并没有考虑与教学内容的衔接，处理不当对学校设计教学有冲击和影响，这就需要学院、老师、同学好好想想参加哪些竞赛和怎样参加竞赛了。

新人赛定位在三年级及以下，作品是课程设计作业，所谓新人是面向学生而非年轻建筑师。这是竞赛组织者有针对性的策划，其目的是鼓励和促进设计教学的。我认为对于这个竞赛，正确的做法是分析自己学校的设计教学大纲，查漏补缺，踏实教学，从日常教学中培养、鼓励和发掘优秀学生。

就教学计划而言，我不赞成为竞赛而调整设计教学内容。评审中我们可以看到有的学校为了竞赛，让同学选择有特色的地域作为假想地段，西藏、新疆、内蒙古不一而足，虽然有利于学生成果吸引评委眼球，但必然打乱低年级教学计划，也助长学生好高骛远、不切实际的求胜心理。我想，负责任的教育者和评委应该唾弃这样的做法。

学院和老师还要注意面向3个年级鼓励学生参赛，而不是仅仅侧重三年级。本次中国赛区华南理工大学和香港大学的入围同学来自二年级、一年级是很有意义的。特别是二年级的张铮同学最终获得总决赛的亚军，也是中国学生的又一个最好成绩。张铮的设计是华南多年来延续的一个住宅题目，没有因为竞赛作任何修改。而来自香港大学的一年级同学的作业同样是入门难度的设计，颇为稚嫩的设计手法得到了评委的认可。这对所有低年级同学是个鼓舞，也有利于新人赛影响力的逐渐扩大。

本次竞赛，我有幸参加了中国赛区和总决赛的评审。观察下来，觉得总决赛环节的评审方法颇为可鉴：第一轮各国评委不能投自己国家参赛同学的票，第二轮投票开始不再限制，但每个评委的名额只剩下2个了。所以，尽管评委所在学校都有参赛，但前5名入围人员的提名完全靠设计实力了。日方评委中除教授和建筑师外，还有中生代职业建筑师团纪彦，构成周全，避免了学校评委单一控制局面的情况。希望下次的中国赛区评审，能够借鉴他们的方法。

　　"建筑新人赛"这种竞赛形式是一个很好的平台，国内三年级及以下的学生能够从参加国内的竞赛评比，到参加亚洲不同国家、不同院校的竞赛评比，接受不同文化背景的评委点评，这种跨界交流我觉得对建筑系的年轻学生拓展视野很重要。

　　建筑学教育涉及很多方面，竞赛只是其中之一，因此对于竞赛来说，如果它能够活跃各院校的教学氛围就很重要。而"建筑新人赛"最大的意义是能够发现亚洲地区不同国家的设计理念与教育方式，同样也能发现一些有潜力的年轻学子。

　　前两次的"建筑新人赛"经过国内和国际的两次筛选，有很多优秀作品脱颖而出，我认为对于这些学生作品，它们能够获奖主要有两个方面的原因，第一是反应在概念设计上，这体现他们对建筑的悟性和理解；还有就是体现在基本功方面，好的概念需要扎实的基本功来辅助与深化，二者缺一不可。

　　前两次我去了在日本、韩国举行的"亚洲建筑新人赛"的评比现场，就中国、日本、韩国、越南等国家的学生整体水平来看，日本的教学与欧美发达国家很相像，对于学生的培养主要考虑的是提高学生的修养和设计概念水平，他们的作品也相对比较轻松，无论是从概念还是设计都与人的生活方式、行为心理很贴近；相比之下中国的学生更加追求某种"宏伟叙事"，从思考层面来说与日本学生之间有差异。我们中国同学的作品同样非常不错，虽然各有差异，但每位同学的水平都很优秀。

　　建筑学的学习重要的是看个人的努力和兴趣，在当代这种国际化的潮流下，建筑学经过这么多年的发展，就个人水平来说，我们国家的学生与世界其他国家学生的水平已经在同一起跑线上，前景令人乐观。

《建筑师》杂志主编　黄居正

　　现在各种各样的建筑设计竞赛很多，宗旨都不太一样，"建筑新人赛"从严格意义上来讲不算一个竞赛，而是一个评比。因为它没有一个统一的命题，而是把不同学校三年级及以下各年级的不同课程作业放在同一个平台上来评比，这是和其他竞赛不同的一个最大特点。其次，"建筑新人赛"整个的过程是一个公开的评比过程，参赛同学可以现场聆听评委的当场点评，同时向评委推销自己的作品。最后阶段，评委对作品的评点也是完全公开的。这种方式对学生来讲可能收获更多一些，使学生能够了解到评委怎样评判一个方案，自己的作品有哪些优缺点。在我看来这是一种非常好的方式。

　　在"建筑新人赛"这种形式下，学生和不同学校的其他参赛同学在一个场合同时展示自己的作品，他们之间会有一定的交流，通过这个交流，学生们会了解到其他人对某些设计问题的思考方法和解决之道，产生一个互补的影响。这个影响可能不会马上显现出来，但在其之后的学习过程里，会慢慢地渗透到他的设计之中。

　　透过这次的参赛作品可以看出，学生们的专业水平随着建筑教育的发展和时代的变化较之以前有所提高，主要体现在对材料、场地等方面的关注。但是还是存在一些问题值得我们关注。很多学生在做一个设计方案时往往会把一个本来很清晰的概念做得非常复杂，恨不能把所有学到的东西都一股脑儿地用到作品之中，最后显得特别臃肿。好的设计作品，既要有一个强大的概念，又要通过一种非常简练的方式清晰地表达出来，这样才可能打动评委的心。

　　这次评选，还有一个问题引起了我的注意。发现现在的学生过多地吸取了一些书本上的、杂志上的、网络上的知识，反而忘掉了应该如何去体验身边的事物，体验日常的生活，从这些生活中再回到所要解决的设计问题。设计是没法脱离生活的，很多的参赛作品是和生活脱离开的，从概念到概念，这个概念还是以一个非常抽象的方式表达出来的。设计应该和日常生活经历建立关系，学生应该更多地去实地看一些好的建筑、经典的作品，或者多看看一些民居，看看人们在里面是怎样生活的，因为真正能成为人生活的一个好的容器，才能成为一个好的建筑。

《世界建筑》杂志主编　清华大学建筑学院　张利

　　谈到"建筑新人战"，虽然"战"字的使用容易引发歧义，但其所采取的公开评审和面对面答辩的形式无疑充分体现了在当今开放社会条件下，给新人以足够的话语权和表现机会的特点。我个人对这种竞赛的形式非常认同。对于参赛选手——专业学习不超过三年的"新人们"来说，参加竞赛能够帮助他们锻炼自主定义问题，及以连贯的逻辑解决问题的能力。参加这种开放形式的竞赛，更能锻炼他们用语言表达说服他人的能力。

　　"新人赛"的参赛作品涵盖了当前国内的绝大部分主流院校，也包括非中国大陆地区的一些院校，一定程度上代表了目前中国建筑学新人们的普遍专业水平。从专业技能来说，新人们的水平明显随着近年中国建筑教育的发展得到了提升，从概念的设定、空间的组织到成果的表达等方面都可以看出。如果有什么还令人期待的话，是建筑学新人们的自主定义问题能力和进行思维演绎的能力。同样，所有的竞赛都会对通过参赛学生的反馈而给建筑教育者带来影响，像"新人赛"这样的大规模竞赛更是如此。我个人认为"新人赛"等强调创造性和独立思考的竞赛所反映出来的信息会使建筑教育者更多关注学生的自主思维。此次竞赛的竞争很激烈。获奖方案最终能够被评出多是因为关注了独特的问题，当然，也许这种对独特问题的关注从整体上讲也许可以更突出些，在新人们的作品中我们还是可以不时看到求全取向所造成的特点的削弱。

　　中国新人赛的参赛作品与其他国家的参赛作品相比，表现出一定的差异，主要体现在对问题的自主定义上。西方国家的学生更善于定义某个特殊问题并义无反顾地解决该问题，甚至置其他问题于不顾；我国的学生更善于对各种相关问题的周到照应，虽然有时会使重点关注的问题不够突出。

　　成于思，败于随。这是我对中国的建筑学新人们的一个寄语吧。

优 秀 作 品
（按姓氏读音排序）

CHINA
2013 建筑新人赛 BEST 5

常 靖

香港大学建筑学院
建筑系一年级
指导教师：Miho Hirabayashi

HOUSE IN A VILLAGE

任务书介绍

这是一年级下学期课程 ARCH1026 Architectural Design I 的第二个项目。作为第一个项目空间构成和实地调研的延续，这个项目是让学生在场地广东省从化市长流村设计一个 200m² 的住宅。学生要基于对场地的理解，并运用所研究的建筑语言，设计出具有中国乡村特色的实用性建筑。当时，广东省从化市长流村处于动迁前夕（现已被拆迁），并且由于人口增多，村民自发进行了各种加建扩建。学生设计时也应以这种"居于动土之上"的发展眼光看待问题。

指导教师点评

The student considered the existing village fabric and the spatial qualities of the old houses in designing the form, construction and foundation. Beginning with a clear strategy of removal or addition, the process of design and renovation, inserting the new to the old, is clearly presented in the series of models. Programmatic strategy is also clear, creating several semi-open spaces to fit in the very close atmosphere in the village.

However, the development of the tectonic language into furniture scale was missed. It would be better that if the same tectonic language was also used to continuously and systematically generate different types of furniture in this design. By this method, the idea in the habitation aspect might be stronger. Communication in drawings, including plans, sections and the sectional axonometric drawing, need to be improved. （Miho Hirabayashi）

基地

Changliu Village is a small old village in Conghua city, Guangdong province.

This village is under re-planning and re-construction. New houses and old houses, as well as new materials and old materials, all exist in this village. The contrast and also the correspondence of the old and new are very subtle in this village. According to this observation, the idea "old and new" is abstracted for this design to signify the existence of both the new and the old.

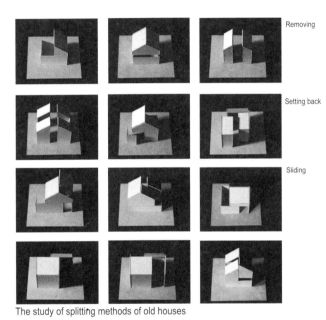

Removing

Setting back

Sliding

The study of splitting methods of old houses

设计说明

　　在长流村中，有两种明显的住宅模式，一种是老式的砖瓦房，另一种是新建造的水泥二层小楼。长流村正面临着对于这两种居住形式如何选择、或去或留的问题。所以在这个设计中，我试图寻找一种新型的居住模式，运用在旧房子上面加建、扩建的方法来尝试一种新旧结合的住宅形式。

　　我先拆除一部分旧房子并引入新的建筑空间、从而得到一种在形态上、空间上、材料上、居住体验上的新旧结合的模式。

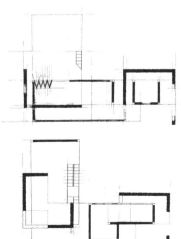

These are sections indicating people's utilizing. Surrounding the separate ketchen, two corridors can both allow people entering. The ceiling of the ketchen also serves as a balcony as well.

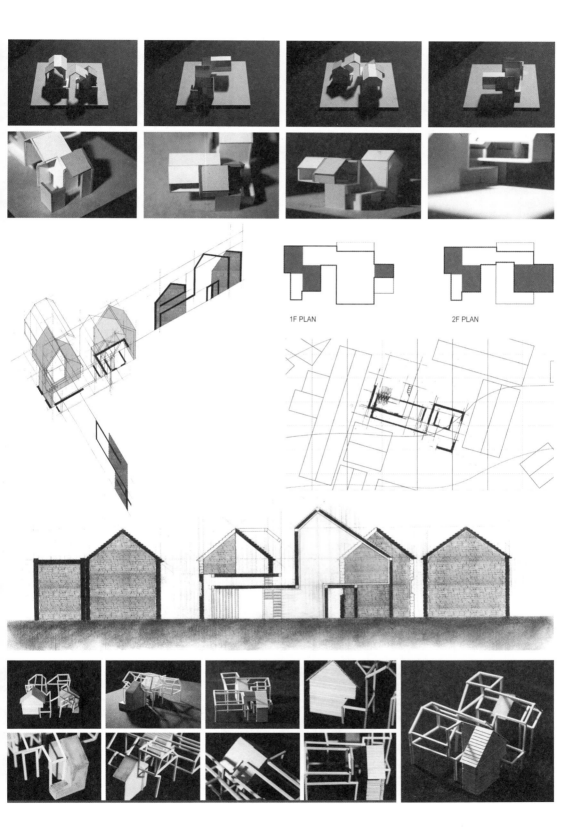

1F PLAN

2F PLAN

CHINA
2013 建筑新人赛 BEST 5

孙欣晔

天津大学建筑学院
建筑系三年级
指导教师：郑颖

REVERSED HOTEL

任务书介绍

历史街区小型城市旅馆项目基地有二，分别位于天津原意租界（现意式风情区马可波罗广场西北侧），及天津原法租界花园（现中心花园东南侧）。旅馆总面积为 4000m^2，功能包括住宿、展览及会议、餐饮及办公。设计主题无明确限定，可自由设定。藉由本次设计希望学生理解城市空间，理解建筑与城市、历史街区的关系；并在加强基本功训练的基础上，掌握旅馆类建筑的设计特点，处理复杂的功能分区与流线。

指导教师点评

这是天津大学建筑学院三年级下学期为期 8 周的一项作业。自此开始，设计课题开始深入涉及建筑与城市环境的关系。

基地位于天津市原法租界的中心地区，并被近代历史街区所包围，东侧为一片拥有鱼骨式肌理的典型近代联排式里弄住宅。该设计在对此城市肌理进行呼应的同时，大胆地对原有住宅（坡屋顶之下的室内空间）与巷弄（联排住宅之间的室外空间）的空间关系进行了反转，该操作打破了原有室内、外空间之间简单的二元对立关系，创造出"既为室内亦为室外，既非室内亦非室外"的空间关系的多样性。最终，设计力图在历史街区的"新巷弄"空间中实现房客与房客、房客与周边城市人群和谐而居，室内与室外、以及私密与公共空间之间能够彼此拥抱的新的关系。（郑颖）

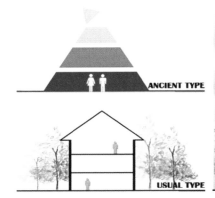

ANCIENT TYPE

USUAL TYPE

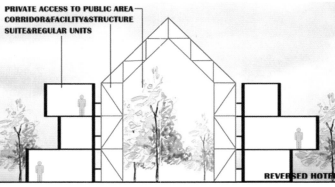

PRIVATE ACCESS TO PUBLIC AREA
CORRIDOR&FACILITY&STRUCTURE
SUITE&REGULAR UNITS

REVERSED HOTEL

PRIVATE

HALFPRIVATE

PUBLIC

RECEPTION
RESTRAURANT
CAFE
SHOP&COMMERCE

REGULAR UNITS
SUITE UNITS
SERVICE AREA

CONFERENCE HALL
OFFICE
STAFF BATH&MESS

CORRIDOR PERPECTIVE

UNITS
REPLACEABLE
MENDABLE
ADDABLE

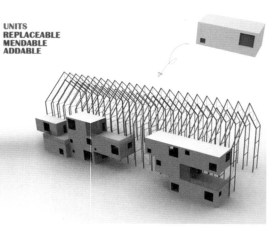

设计说明

　　建筑由实体构成，然而所有实体都隐藏着转化为空间的潜能。

　　建筑基地位于天津原法租界，毗邻保留完好的联排别墅区。本案对空间的内与外、私密与公共相互转化的可能性及其关系进行了探讨，将街区典型双坡顶住宅体内部挖空变为户外空间，外墙加厚成为结构及交通空间，房间相互独立悬挂于加厚至2m的外墙外侧，相邻的坡顶之间便形成了由大大小小的客房组成的不同于以往的巷弄空间。由此，桁架、单元、草坪和建筑一起构成了一种实体与空间之间胚胎般的环境。

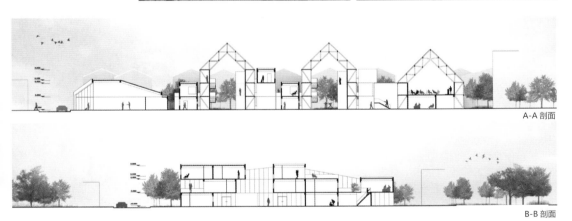
A-A 剖面

B-B 剖面

CHINA

2013 建筑新人赛 BEST 5

王 博

西安建筑科技大学建筑学院
建筑系三年级
指导教师：刘宗刚

关中生活

任务书介绍

　　《以空间体验为主线的分解递进式设计训练——十件摄影作品的博物馆设计》通过设计题目的单纯化与小型化，避免学生设计上简单的面积叠加与功能复合 能更"单纯地"关注设计方法问题；通过分解教学环节，以场地·设计的开始、空间·看与被看、孔洞·光影魅力、序列·空间节奏、建构·材料之美、整合·设计切入等阶段题目，以空间体验为主线形成环环相扣的设计链，进而激发学生对于设计的自我感知能力，训练建筑设计的方法。

指导教师点评

　　《关中生活——十件摄影作品的博物馆设计》作业选取了摄影大家胡武功先生的十张反映关中生活的摄影作品作为博物馆的仅有展品进行建筑设计，方案的最大特点是以尊重的态度着手设计：尊重历史地形——以长安六爻为历史起点，在设计地段的地形予以呼应；尊重展示对象——以十张关中历史生活摄影作品作为展品，塑造符合其氛围要求的建筑空间与场所；尊重现场场地——在充分考虑校园环境、旁边的校史馆及场地植被环境的基础上，以恰当的建筑姿态融入。

　　该份作业能较好地体现出以空间体验为主线的分解递进式训练教学目标与要求，即，打开所有器官，倾听自然与历史的回声；仰望"上帝"与"先人"的创造，编织文化的壁毯；以智慧及灵巧的方式释放自我的能量。（刘宗刚）

居于
函谷关(东),
大散关(西),
萧关(北),
武关(南)
四关之中部, 称为关中
—《长安志》

关中
是中华民族的发祥地之一,
以它独特的优越地位,
在秦汉迄隋唐时代,
发展成中国古代黄河文化的中心

总平面图 1:1000

关中生活——十件摄影作品的博物馆设计 [1]

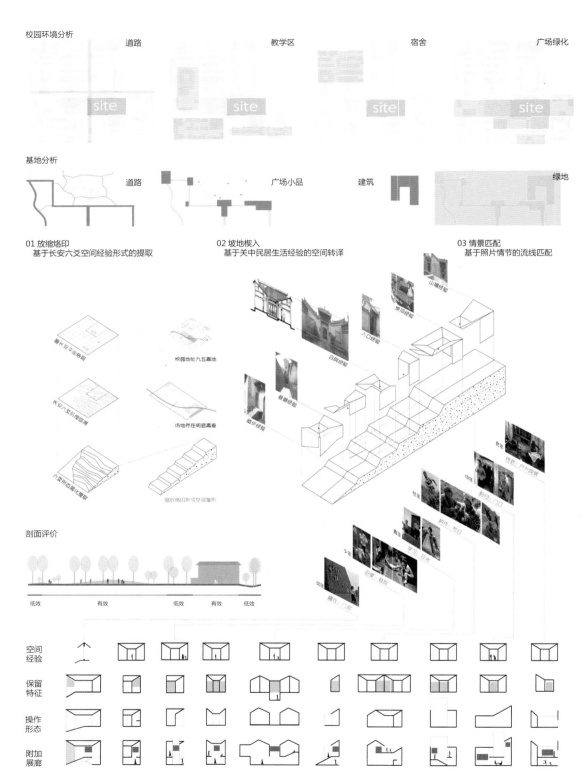

校园环境分析　　　　道路　　　　　　　　　教学区　　　　　　　　宿舍　　　　　　　　广场绿化

基地分析　　　　　　道路　　　　　　　　　广场小品　　　　　　　建筑　　　　　　　　　　　绿地

01 放缩烙印
　　基于长安六爻空间经验形式的提取

02 坡地楔入
　　基于关中民居生活经验的空间转译

03 情景匹配
　　基于照片情节的流线匹配

剖面评价

空间
经验

保留
特征

操作
形态

附加
展廊

设计说明

汉长安故城之南，有东西走向的六条土岗横贯，空中俯视西安，能发现这种形状很像《易经》上乾卦的六爻。乾卦属阳，称九，自上而下。从长安六爻空间经验提取六级高差，通过尺度缩放，在场地剖面上烙印形成空间雏形。将照片情节与关中民居生活经验进行匹配，并将空间特征提取转译，在特定位置通过重屏影像的方式陈列照片，萃取并重塑了读者心中的空间经验。建筑外墙通过半透明的网纱交织的材料组织方式，使得展览从室外开始进行模糊呈现，实现了建筑空间和校园空间结合的新模式。

空间的还原承载了生活的记忆，影像记录了故事的发展，空间经验和影像结合形成空间晶体，流动的观者作为新的演员，感悟并演绎历史。

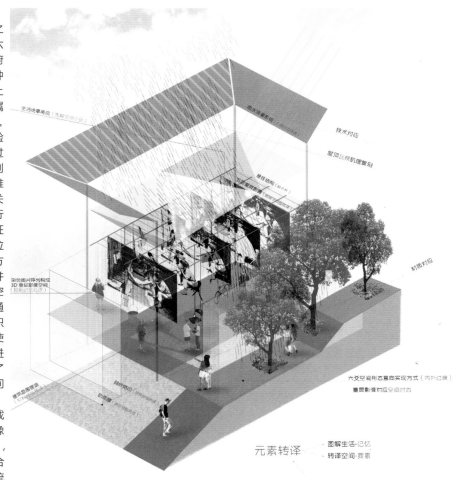

元素转译　　· 图解生活·记忆
　　　　　· 转译空间·要素

影像重屏再现重塑·　　　　　空间轴测

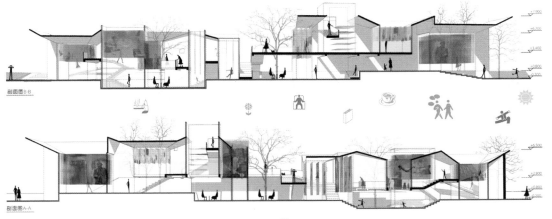

剖面图B-B

剖面图A-A

翁金鑫

东南大学建筑学院
建筑系三年级
指导教师：唐芃

趣——儿童植物展示中心

任务书介绍

南京中山植物园临湖的坡地内拟建设一座面向少年儿童的展示中心（主题自定）。在指定区域中进行建筑设计及场地设计。要求初步掌握一般博览建筑的设计原理，了解山地建筑设计的基本方法。尊重历史文脉和地域环境特征，以现代手段表达建筑空间的情感和人文特征。了解儿童的心理行为特点，熟悉符合儿童尺度和心理需求的空间操作方法，以及儿童对于环境互动的需求。

指导教师点评

课题的训练目的是熟悉山地建筑和为特殊人群所设计的博览建筑的设计方法。基地周边优美的环境使设计者选择了植物作为展示对象。为了减少对场地上植被的破坏，建筑被非常谦逊地做成细长条，并利用地形半埋在地下。在建筑可能碰到较大树木的地方做了退让，设置庭院。长条形的建筑体量使得参观流线较为明确，设计者巧妙地将植物的生长过程用种子、繁茵、果实三个展厅串联在流线上，在最后一个互动展厅达到空间的结束和高潮。考虑到儿童的活动特性，展示中心还为他们特设了可以攀爬的"黄色通道"，这是儿童的专属空间，让他们畅通无阻的用自己的方式在各展厅之间游走，也确保家长可以随时保护自己的孩子。

整个设计充分考虑了儿童的尺度与感受，对地形和环境的解读也十分到位。在作品展示期间，偶然听到来参观的一个孩子说好想到这个建筑里面去玩，这无疑是对这个作品最好的评价。（唐芃）

基地——南京市中山植物园
场地 A 位于中山植物园内，景色宜人，三面植被，一面临水。场地北部绵延水生植物园，南侧是开阔的草坪，整体坡度较缓，视野开阔。

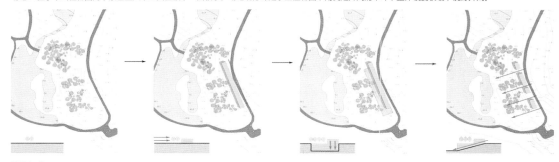

形体生成
藏——顺应场地道路 ，"藏"于树林，契合场地的延展。
长——建筑形体消隐于树林中，主要空间向地下生长。
破——应对场地景观面与道路，敞开与闭合，不阻碍原有场地的流线，形成穿越道路。

主题与互动

流线与序列

种子展厅：通过符合儿童尺度的盒子体块象征种子，同时满足儿童爱钻、爬的行为需求，在玩的同时体验种子的生长特性。

果实展厅：通过玻璃展示柱形成空间阵列，引导光线，果实置于其中，在创造一个梦幻的场景吸引儿童的同时，便于他们亲近与观赏。

繁荫展厅：通过对于内外边界的模糊，将建筑消隐于自然。室内外的植物展示，步道的高度变化，利于儿童更好地观察。

互动展厅：室内的大草坪位于步道的终点，在流线的终端延伸至室外，形成活动的集中发生地。建筑似乎只是一个遮蔽物，成为自然的附属。

设计说明

　　本次设计选址在风
景秀美的中山植物园区，
我认为场地中最大的限
制就是没有限制。所以
对于建筑，我希望采取
一种消隐的态度，通过
最简单的几何形体布置
在场地中的空白处，以
将对自然的保护做到极
致。同时应对周围的景
观节点，在体量与自然
的界面交接的空白处开
洞取景，以获得最佳的
景观视线。

　　通过建筑内部展厅
的设计以及联系各展厅
的类似滑梯的步道组织
流线序列，希冀可以改
变传统博物馆说教性质
的展览，遵循儿童好奇
心强、喜爱探索参与及
好动的天性，让孩子们
在与自然的交流中了解
自然，自我成长。

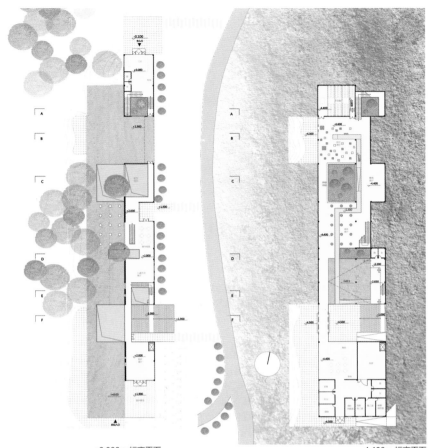

+2.000m 标高平面　　　　　　　　　　　　　-4.400m 标高平面

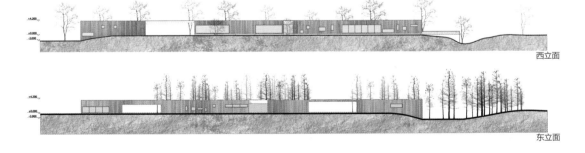

西立面

东立面

剖面

CHINA
2013 建筑新人赛 BEST 5

张 铮
华南理工大学建筑学院
建筑系三年级
指导教师：钟冠球

里应外合——学者住宅设计

任务书介绍

广州华南农业大学植物园内拟建独立式住宅，住宅使用者为一个学者家庭（家庭人数自定）。

注意利用地形及保护原有生态环境。

用地面积：300~500m^2

功能组成建议：起居部分——客厅、起居室、餐厅、厨房；卧室部分——主卧、次卧、卫生间；工作部分——书房、工作室；辅助部分——车库、功能房、洗衣房。

指导教师点评

张铮作品"里应外合"设计了南方城市一位作家的住宅。"里"、"外"对应的是我们通常所说的室内、室外。一般情况下，住宅的室内和室外会比较分明，而张铮希望打破这种室内外的界线——让风景进来，让室内更接近自然。她从中国传统的屏风围合获得灵感，屏风对于室内空间的分隔是模糊的、自然的。于是她选取了半围合的墙体作为构建住宅的基本元素。最后形成了相似而不相同的空间体验。接下去的推敲便顺理成章。作为女生的她对细致空间的敏感，近乎神经质的执着……都是指导她设计过程中的深切体会。中国的建筑设计需要从只关注表面形式到关心建筑内部体验，作为设计者也应设身处地为使用者着想。下一代的建筑师不应再居高临下，这不正应和了本作品的主题"里应外合"吗？（钟冠球）

49

[Form Generation]

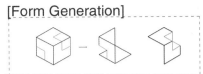

STEP1:
Deconstruction
Decompose the BOX into L-shape

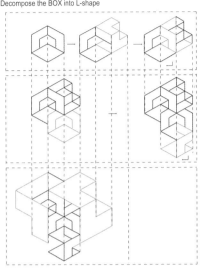

STEP2:
Reconstruction
Shift and combine the L-shape unit to
define space.

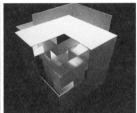

Working Model

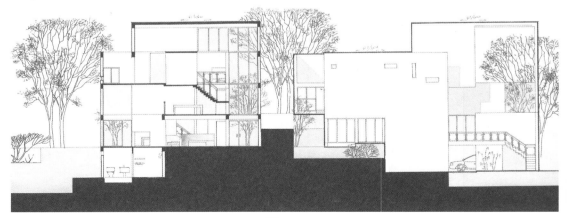

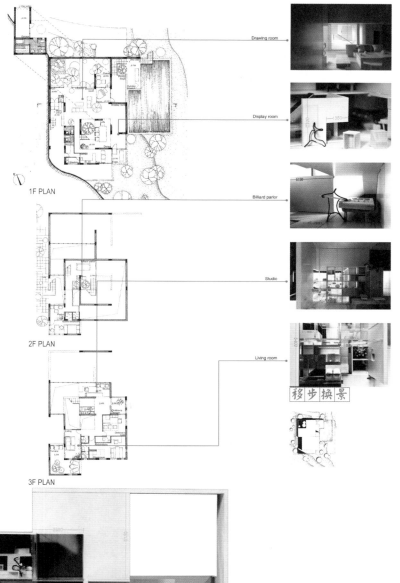

Drawing room

Display room

Billard parlor

Studio

Living room

移步换景

1F PLAN

2F PLAN

3F PLAN

设计说明

　　这是一个作家及其家人的寓所，作家需要用于思考的空间；同时亦要触摸自然与社会。

　　设计从传统民居中联系私密性和开放性的屏风得到启发，L型墙两两相扣并向外扩展，模糊室内外及不同功能间的边界。私密感是通过层叠的空间和限定的视线获得的。

　　建筑由内而外发芽抽枝生长，阳光和空气从外自然地渗透入内。

CHINA

2013 建筑新人赛 BEST 16

常哲晖

东南大学建筑学院
建筑系三年级
指导教师：唐芃

织阵——儿童植物展示中心

指导教师点评

在这个课题中我们希望学生能关注儿童的心理和行为，为他们创造在自然中学习的空间。"织阵"是一个形象的词语，概括了这个设计所使用的手法：编织树林间的空间，形成上、中、下几层阵营，可以奔跑、观察、绘画、玩耍，是这个方案最大的特色。同时，消解室内与室外的空间隔膜，创造树干与枝叶间架空的廊道，让原本就应该在室外玩耍和学习的儿童回归到自然中去，用最形象和直观的方式理解自然。（唐芃）

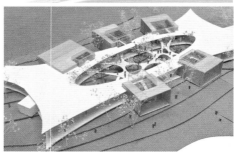

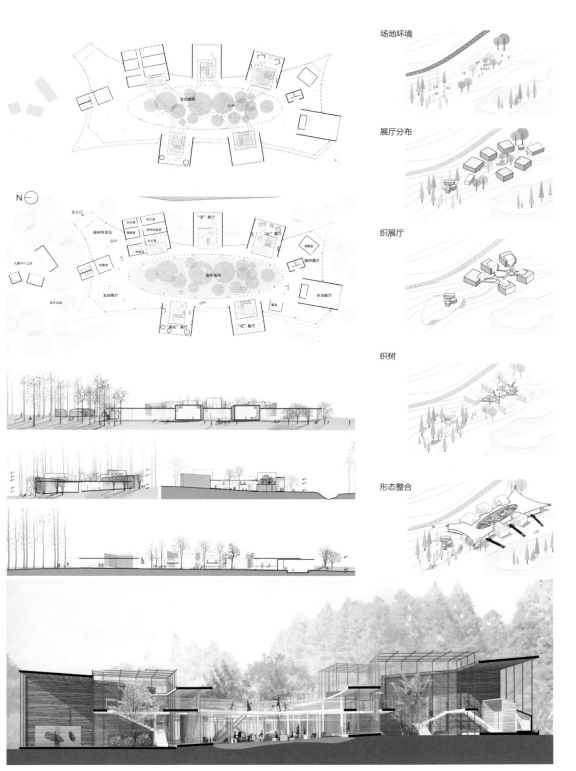

场地环境

展厅分布

织展厅

织树

形态整合

贺丰茂

沈阳建筑大学建筑与城规学院
建筑系三年级
指导教师：孙洪涛

城记——历史街区商业空间规划改造设计

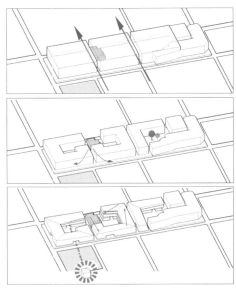

评委点评

　　街坊式的布局显然是作者应对城市的设计策略。在提取原有历史街区尺度的基础上，兼顾城市天际线，形成了三个形态各异的街坊。为了打破对街坊空间内向性的惯性理解，设计又制造了一些通道和视觉通廊，形成内外联系的商业氛围。但设计在空间高差上的探索并不那么成功，或许为了立面的效果，方案有了长长的坡道，对应的空间也就出现了不同高差，这对观演、展览可能合适，对商业就不那么理性了。（龚恺）

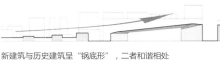

新建筑与历史建筑呈"锅底形"，二者和谐相处

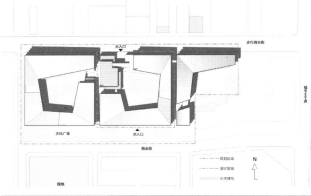

提取原有历史街区尺度，设计巷道联系周围街区

新建筑与历史建筑呈阶梯状退让，二者产生对话

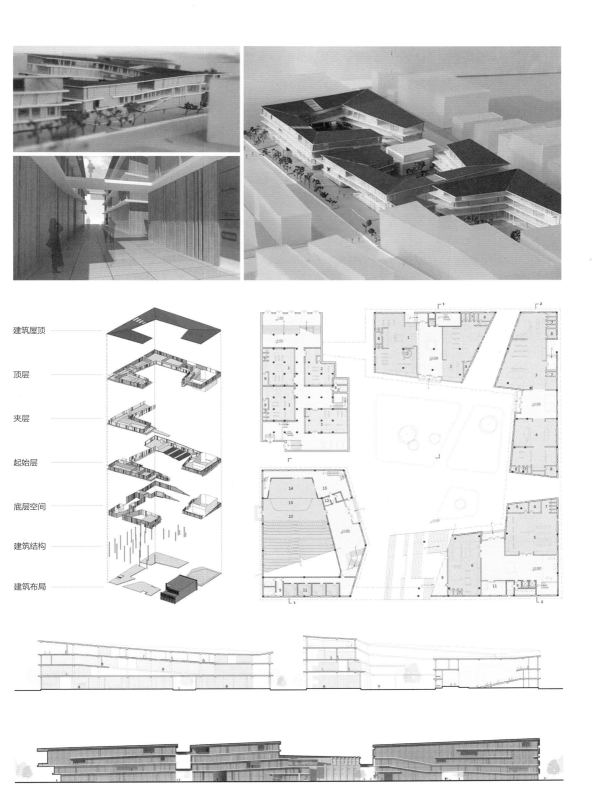

建筑屋顶

顶层

夹层

起始层

底层空间

建筑结构

建筑布局

兰 帅

天津大学建筑学院
建筑系三年级
指导教师：戴 璐 胡一可
刘彤彤 张昕楠

万树流光影

指导教师点评

在某种意义上建筑可以被理解为关于光影的游戏——如何将光引入空间，以及建筑体量以何种方式被光影表达。兰帅同学的作品以光、影、树为概念的原点，通过对一个简单方盒子掀开的直接操作，经由对不同滤、透光性材料的利用，塑造出关于树的系列化丰富的图景。

原型化设计语言的创造直接对应了形式产生的目的，并带来了空间使用和序列化组织的机会；同时，设计者以不同时刻阳光的直射角度为逻辑，对原型空间调整并形成群落，形式富有说服力。（张昕楠）

■ 健身中心

■ 民俗文化中心

■ 展览 办公

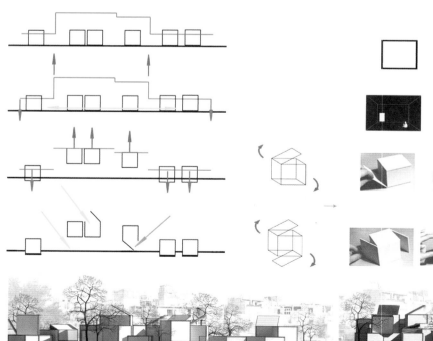

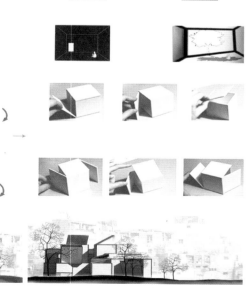

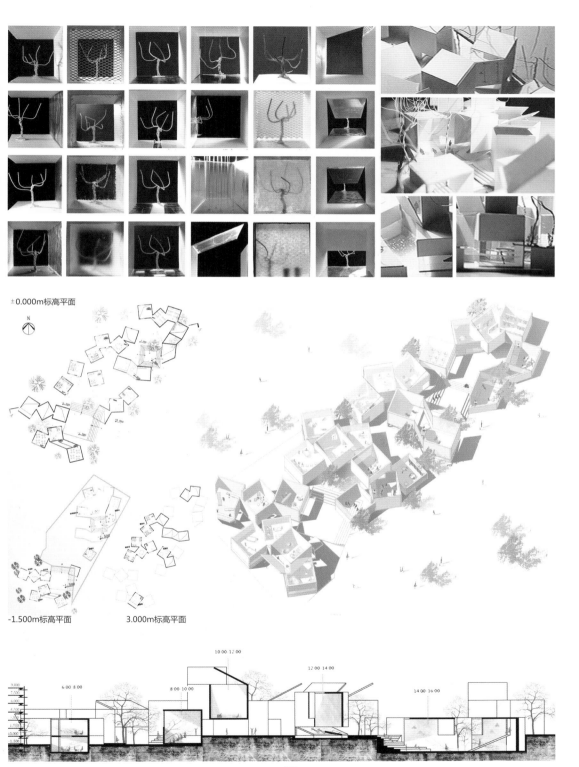

±0.000m标高平面

N

-1.500m标高平面   3.000m标高平面

栗若昕

中央美术学院
建筑系三年级
指导教师：李琳

央美百年纪念馆设计

评委点评

在所有学生的作品中，美院学生的作品显得风格独特、不拘一格，央美百年纪念馆设计更是令人印象深刻。作品用渐变的矩阵组成景观广场，进而组成建筑空间。人们在广场的矩阵中穿越，被引导进入建筑前零碎的前导空间，最终进入由四个大纪念厅组成的主体建筑中。这种体验似乎暗示了央美百年来的筚路蓝缕，场地设计与建筑设计的浑然一体比较好地体现了纪念性。（唐芃）

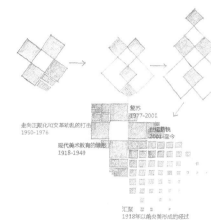

走向正规化和文革动乱的打击
1950-1976

复苏
1977-2001

世纪新锐
2001-至今

现代美术教育的雏形
1918-1949

汇聚
1918年以前央美形成的经过

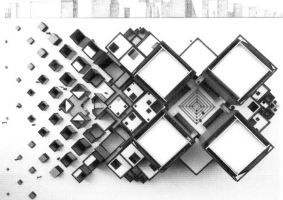

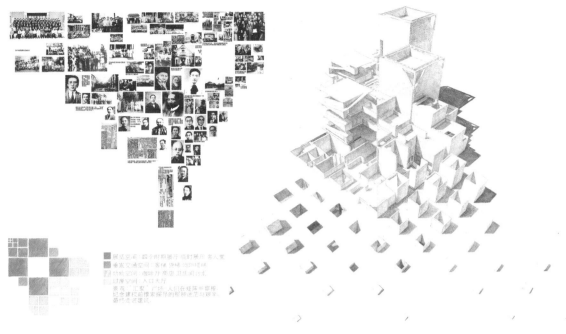

展览空间：四个时期展厅 临时展厅 名人室
垂直交通空间：楼梯 坡道 台阶
功能空间：咖啡厅 书店 卫生间 办公
储藏空间：入口大厅

基于"工家"广场，人们在建筑中穿梭，
纪念建校前探索的那种迷茫与困境，
最终走进建筑。

地下一层平面   一层平面   四层平面

2013 建筑新人赛 BEST 16

宋思远

合肥工业大学建筑与艺术学院
建筑系三年级
指导教师：王旭

编织的海草房——社区活动中心设计

指导教师点评

    该方案起源于自发的地域性集市空间。设计主要关注两个问题：一是建筑如何重组建筑与周边物理环境的关系；二是建筑如何与当地原有的地域性特质空间建立积极的联系。方案对威海地区地域性民居"海草房"单体形式进行适应自然环境的发展和继承，在通风、采光等方面尊重自然，并尽可能的采取适宜性技术手段，提升物理环境的秩序。"编织"在这里不仅是民居单体建筑群形式的整合，更是传统生活与更新的地域性建筑空间的纽带。最终对当地的传统空间、集市文化进行了传承与发扬。（王旭）

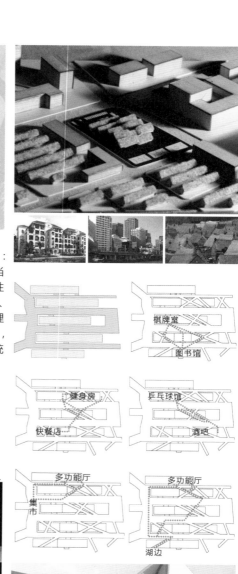

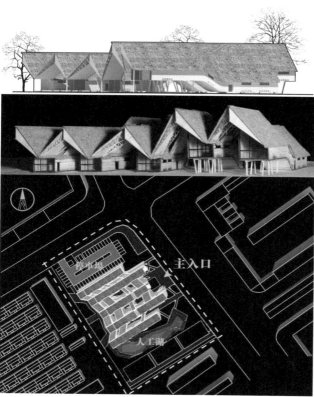

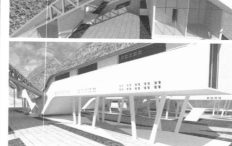

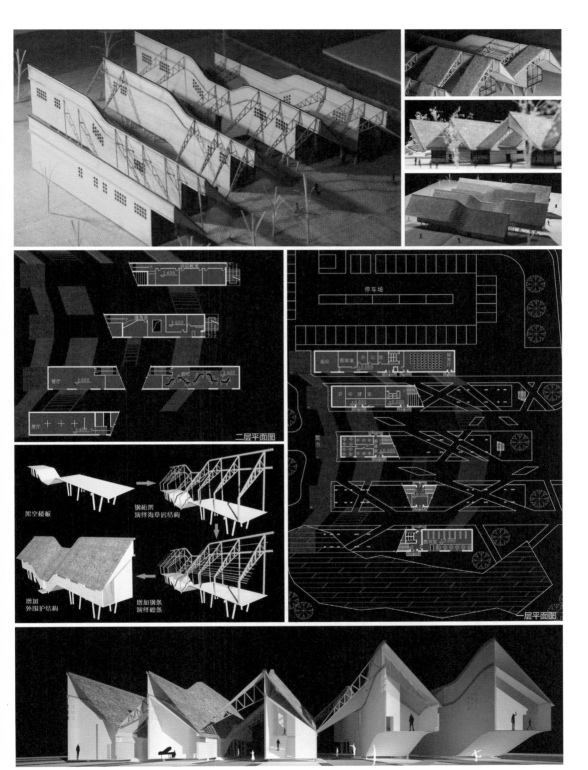

架空楼板　　　　　钢桁架
　　　　　演绎海草房结构

增加　　　　　增加钢条
外围护结构　　　演绎檩条

二层平面图

停车场

库房　配电室　办公室

展示销售室

集市

层平面图

CHINA
2013 建筑新人赛 BEST 16

黄 杰

华中科技大学建筑与城市规划学院
建筑系三年级
指导教师：张婷

消失的图书馆——昙华林社区图书馆设计

评委点评

　　第一次看到这个作业我就被深深地吸引住了。作者并不是想做一个传统意义上的图书馆，而是巧妙地利用了场地中的27棵古树进行空间组合，消失的封闭图书馆空间转换成开放的社区活动交流空间，与场地的景观和历史文化特性紧紧相连。这个作业能够获奖除了精美的模型和制图外，我想评委主要是看中了它的逆向性思维立意，在图书馆传统阅览方式已发生根本转变的今天，图书馆的设计可以怎样？这份答卷无疑给我们了一个全新的想象空间。（龚恺）

方案生成图解

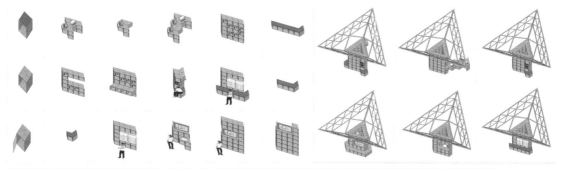

CHINA

2013 建筑新人赛 BEST 16

李 强

沈阳建筑大学建筑与规划学院
建筑系三年级
指导教师：孙洪涛

织城林廊——历史街区商业空间改造设计

评委点评

　　这个历史街区商业空间改造最有趣的地方是设计了不同标高的廊道，将整个街区串联成为一个整体，这不仅让人联想起了美国明尼阿波利斯商业中心的 SKYWAY，行走在这些廊道中时，不知不觉就能发现新的空间。但我认为廊道的设计同时也带来了问题，在沈阳这样的严寒地区，开放式的廊道在冬季人们会畏而止步；"林廊"的提法大约是考虑结构柱的问题，虽然图中注明了采用玻璃纤维材料的柱，但在底层平面上并未画出，因为一旦有这些"柱林"出现，势必影响到底层活动的人群，相应的处理方式相信作者在日后的学习中肯定会留意到。（龚恺）

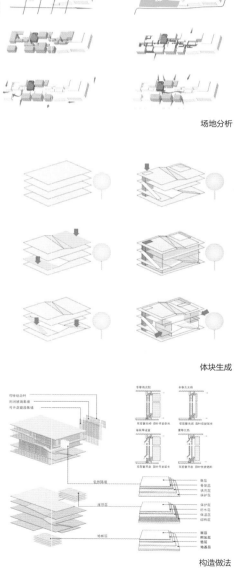

场地分析

体块生成

构造做法

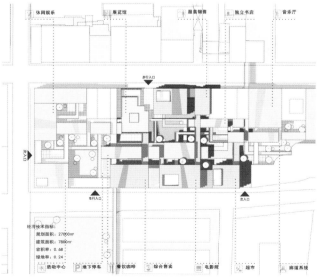

经济技术指标：
规划面积：27000㎡
建筑面积：7800㎡
容积率：0.68
绿地率：0.24

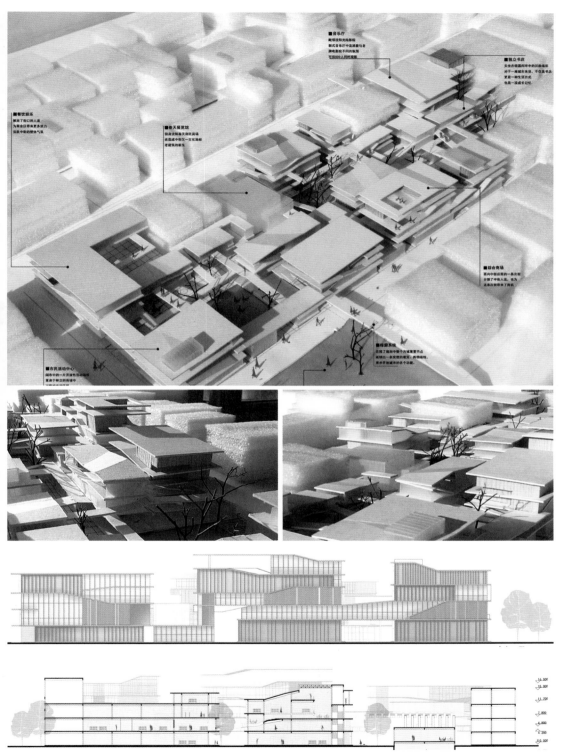

石明雨

天津大学建筑学院
建筑系三年级
指导教师：张昕楠

都市四盏灯——综合办公建筑设计

指导教师点评

　　场地的环境和条件是一个建筑设计开始的依据。石明雨同学的作品以场地人群和创造公共空间的思考为设计概念的原点，通过第五立面的空间化与街道空间的连续性处理，塑造出友善而理性的屋顶空间形态。

　　同时，设计通过对园林空间要素的提取，构建四个不同类型的光庭空间，既为地下办公提供采光，又塑造了园林化的休憩共享空间。设计策略与基地条件结合紧密，空间处理的手法富于表现力。（张昕楠）

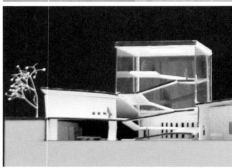

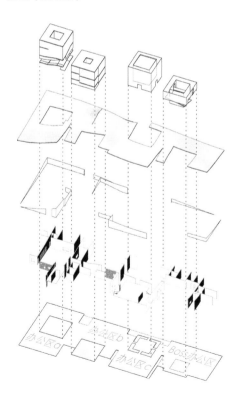

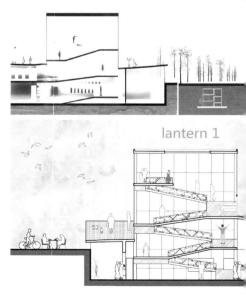

lantern 1

LANTERNS
IN THE
CHAOS

lantern 2

lantern 3

lantern 4

CHINA
2013 建筑新人赛 BEST 16

邢鹏威

华南理工大学建筑学院
建筑系三年级
指导教师：凌晓红

影像岭南——艺术博物馆设计

评委点评

博物馆设计中最为重要的是参观流线的空间设计。在这个作品中，体块间层层的扭转与错动，带来种种不同的空间体验。同时，意图明确的展示空间与穿插其间面向景观的开窗，共同创造了丰富而饱满的展览流线，并将空间在最高处推向高潮。（唐芃）

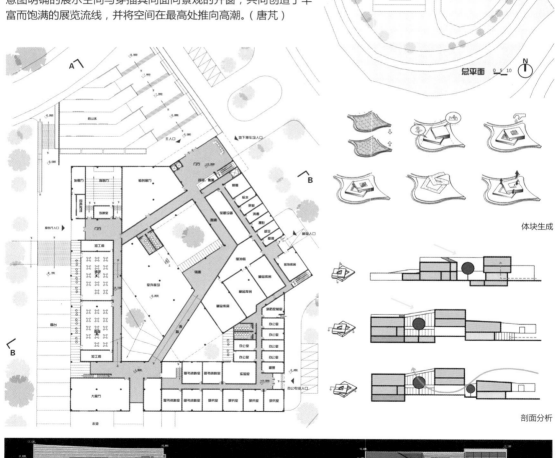

总平面

体块生成

剖面分析

CHINA
2013 建筑新人赛 BEST 16

杨 洋

东南大学建筑学院
建筑系三年级
指导教师：鲍莉

诱·墙

指导教师点评

　　作者对传统街区物质与生活形态有较深刻的认知，并充分调查社区人群的活动及需求，通过对空间的原型解读，化整为零，以低平起伏的形态，在致密的城市肌理间创造出多样丰富的开放空间，以满足市民公共活动与精神追求之需。

　　方案以"墙"为引，以"声"为诱，从人的感官感知入手，通过对观演、活动、交流和商业等空间的有效组织与限定，创造出有趣的流线和动人的空间，与周边传统街区"和"而不同，在当下语境中对传承与创新做出回应。（鲍莉）

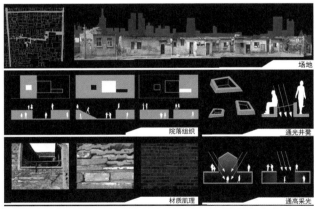

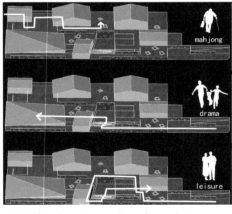

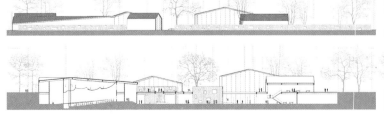

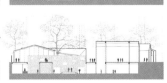

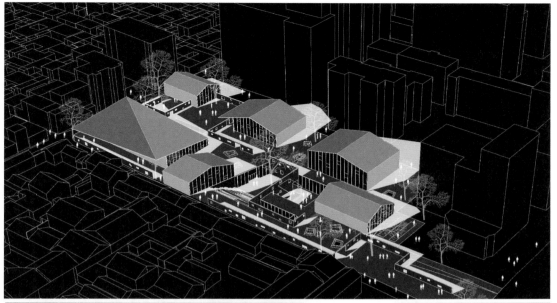

CHINA
2013 建筑新人赛 BEST 16

余 啸

天津大学建筑学院
建筑系三年级
指导教师：汪丽君

洞中别有天——贵州黄平县社区小学设计

评委点评

　　疾速的城市化正在吞噬自然及富于地域表征的乡土村落。该作品选址贵州某地现代城市与苗寨聚落对峙的边界区域，以平和谦逊的地景化设计在对苗寨进行符号化转译的同时创造出历史与现代对峙的"奇景"。

　　In-Between 的解读：其一，场地处于历史与现代对峙的缝隙；其二，使用空间处于山体与人工建筑表皮之间。设计本体既像山体中生长出的自然造物，又似乎是城市空间向历史空间过渡的路径延伸。以一种谦逊的态度凸显城市与乡土之间的尖锐矛盾是这一作品的特征。（张昕楠）

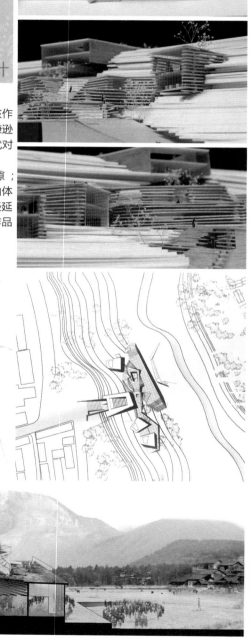

首层平面 1:400

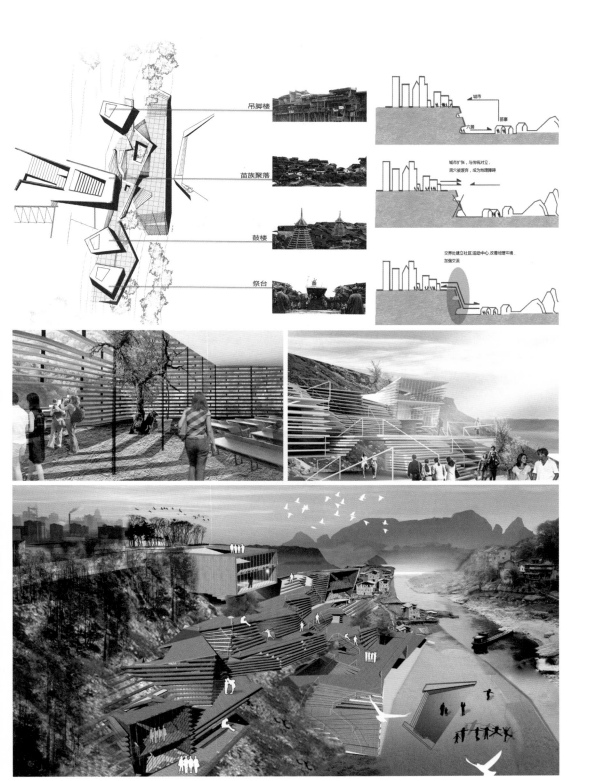

吊脚楼

苗族聚落

鼓楼

祭台

城市

苗寨

穴居

城市扩张，与传统对立，
洞穴被废弃，成为地理障碍

交界处建立社区活动中心 改善地理环境，
加强交流

包　捷
东南大学建筑学院 三年级
指导教师：唐芃

社区养老院

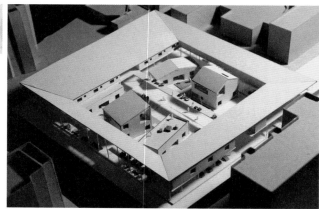

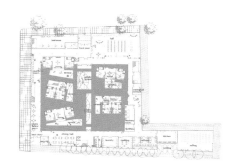

蔡　睿
西安建筑科技大学建筑学院　二年级
指导教师：陈静 袁园 许晓东

融
——山地旅馆设计

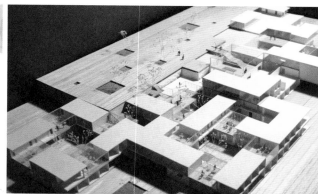

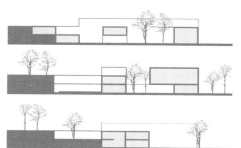

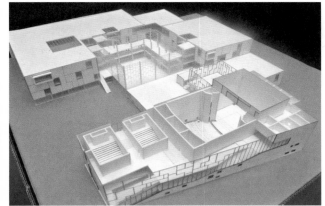

陈博宇
南京大学建筑与城市规划学院 三年级
指导教师：华晓宁

城市建筑：商业+观演

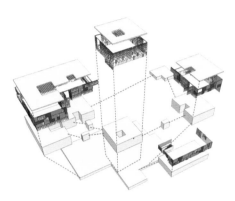

陈若男
南京工业大学建筑学院 三年级
指导教师：钱才云

绿色理念下的建筑学院院馆

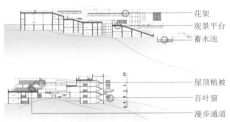

花架
观景平台
蓄水池

屋顶植被
百叶窗
漫步通道

陈艺丹
同济大学建筑与城市规划学院 三年级
指导教师：刘宏伟

山地瑜伽俱乐部

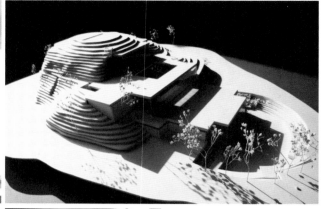

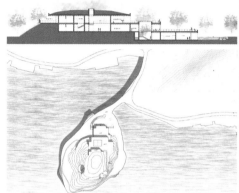

丛志涛
天津大学建筑学院 三年级
指导教师：孔宇航

城市纪念册
——旧街区旅馆设计

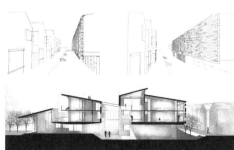

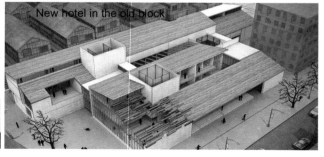

New hotel in the old block

戴赟
东南大学建筑学院 三年级
指导教师：唐芃

文化艺术中心

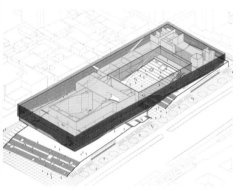

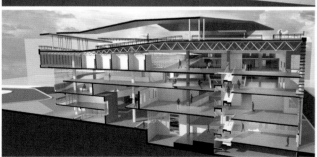

杜頔康
清华大学建筑学院 三年级
指导教师：邹欢

变形都市
——建筑系馆设计

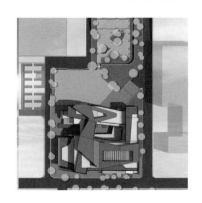

方潇洋

浙江大学建筑工程学院 三年级

指导教师：王卡

破镜
——大师工作室设计

BROKEN MIRROR 破镜

郭骏超

昆明理工大学建筑工程学院 三年级

指导教师：翟辉 王灿

生长矩阵社区规划

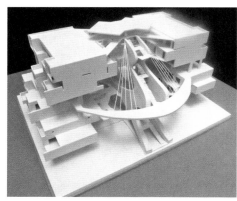

郭清涛
山东建筑大学建筑城规学院 三年级
指导教师：刘伟波

阳光·雅安
——社区活动中心设计

CHINA
2013 建筑新人赛 BEST 100

郭 晓
华南理工大学建筑学院 三年级
指导教师：向科

方寸之间
——高校图书馆设计

黄菲柳
东南大学建筑学院 三年级
指导教师：唐芃

校园生活中心沙塘园食堂改扩建

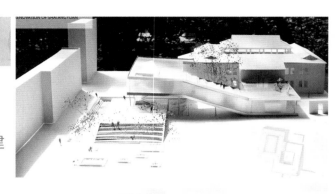

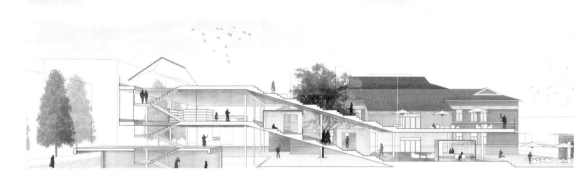

CHINA
2013 建筑新人赛 BEST 100

冀昱蓉
郑州大学建筑学院 三年级
指导教师：刘中

WP 住宅

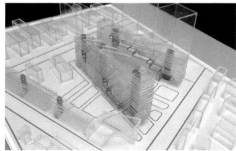

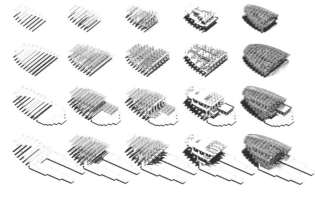

贾程越
同济大学建筑与城市规划学院 三年级
指导教师：刘敏

山地体育俱乐部设计

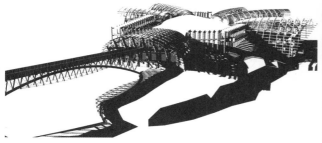

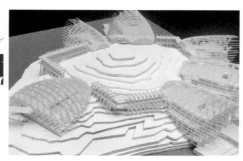

姜桀腾
香港大学建筑学院 三年级
指导教师：張天湄

COLLECTIVE HORIZENTAL LIVING KEUNG KAI TANG HUMPHREY

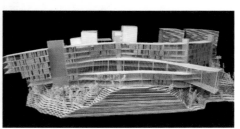

康思迪
清华大学建筑学院 三年级
指导教师：徐卫国

数字图解@找形
——798艺术画廊设计

李博文
哈尔滨工业大学建筑学院 三年级
指导教师：陆诗亮

视觉森林
——住宅设计

李定坤

同济大学建筑与城市规划学院 三年级

指导教师：刘宏伟

山地体育俱乐部设计

李雪妍

同济大学建筑与城市规划学院 三年级

指导教师：袁烽

林间行
——跑步休闲山地俱乐部

林间行
Wandering in Nature

李怡凝

西安建筑科技大学建筑学院 二年级
指导教师：滕小平

叠影
——休闲旅馆设计

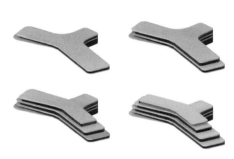

CHINA
2013 建筑新人赛 BEST 100

李怡然

合肥工业大学建筑与艺术学院 三年级
指导教师：王旭

老城神经元
——社区活动中心设计

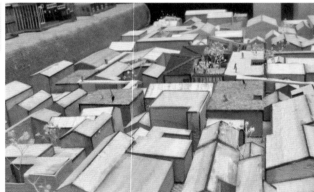

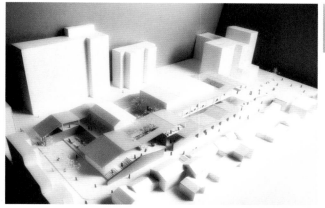

李哲建
东南大学建筑学院 三年级
指导教师：鲍莉

坡·连续
——传统街区曲艺中心

李竹汀
东南大学建筑学院 三年级
指导教师：孙茹雁

校园生活中心沙塘园食堂改扩建

梁 喆
合肥工业大学建筑与艺术学院 二年级
指导教师：刘源

GARDEN
——南方六班幼儿园设计

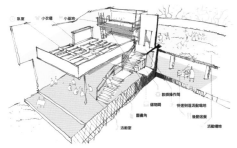

林佳思
苏州科技学院建筑与城市规划学院 二年级
指导教师：申青

城市扎根
——连续空间主题展示馆设计

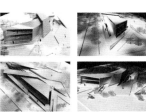

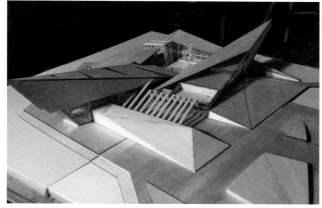

CHINA

2013 建筑新人赛 BEST 100

林　婧

武汉大学城市设计学院 三年级
指导教师：王炎松

折戟沉沙
——襄阳市民之家设计

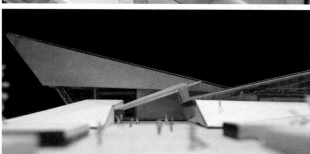

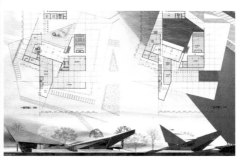

CHINA

2013 建筑新人赛 BEST 100

刘雨晨

中央美术学院建筑学院 三年级
指导教师：虞大鹏

OVER THE RAINBOW
——小学校设计方案

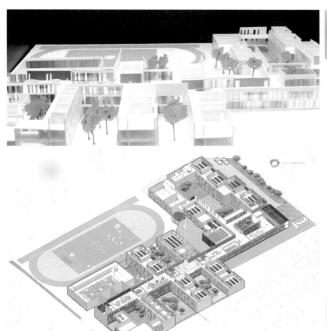

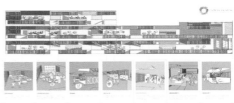

吕欣蔚

西安交通大学人居与建筑工程学院 三年级

指导教师：叶欣涛 竺剡瑶

社区活力线
——社区活动中心设计

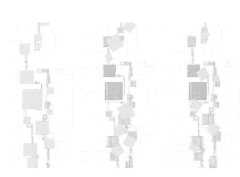

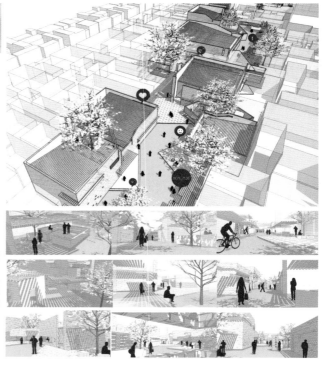

马 忠

哈尔滨工业大学建筑学院 三年级

指导教师：陆诗亮

"生长"的院落

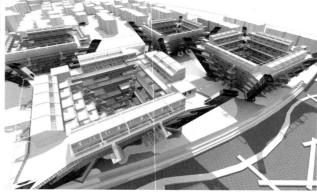

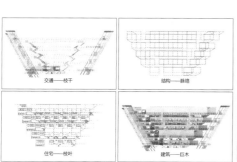

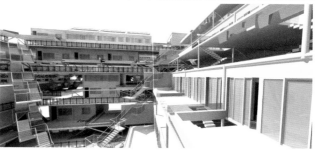

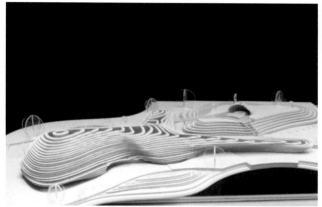

麦家杰
华南理工大学建筑学院 三年级
指导教师：罗林海

川 · 织
——岭南艺术博物馆设计

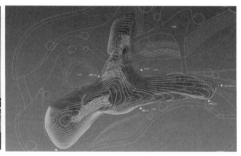

缪筱凡
东南大学建筑学院 三年级
指导教师：夏兵

儿童古植物博物馆

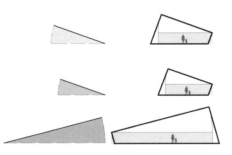

牟玉阳光
天津大学建筑学院 三年级
指导教师：杨葳

WALK IN THE LOST
（超自然建筑中美联合工作坊）

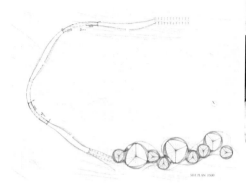

潜 洋
北方工业大学建工学院 二年级
指导教师：王新征

KID'S HOME
——幼儿园设计

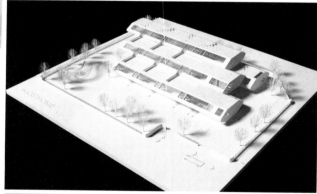

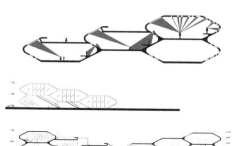

曲 涛
西安建筑科技大学建筑学院 三年级
指导教师：刘宗刚

结
——十件摄影作品博物馆

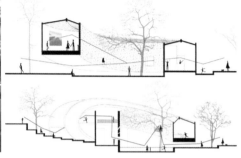

任 广
东南大学建筑学院 三年级
指导教师：刘捷

传统街区曲艺中心

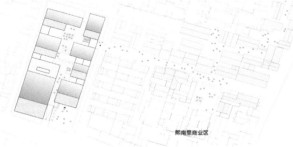

熙南里商业区

束逸天
重庆大学建筑城规学院 三年级
指导教师：陈科

墙垣漫步
——设计文化体验中心建筑设计

孙 玮
天津大学建筑学院 三年级
指导教师：张昕楠

桥聚

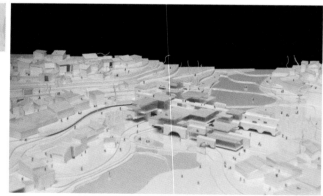

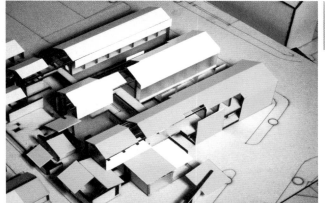

孙 宇
天津大学建筑学院 三年级
指导教师：张昕楠

"GONE WITH THE WIND"
—— 城市旅馆设计

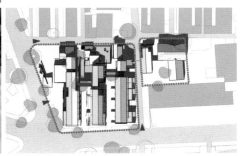

谭 笑
天津大学建筑学院 三年级
指导教师：孔宇航 胡一可

贫民窟的眺望设计

王大玄

哈尔滨工业大学建筑学院 三年级

指导教师：卜冲

PORT THEME MUSEUM SUSPENSION

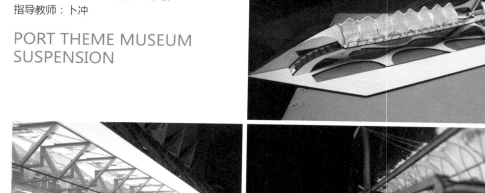

CHINA
2013 建筑新人赛 BEST 100

王 硕

西安建筑科技大学建筑学院 三年级

指导教师：刘宗刚

THE REBIRTH OF CAVE
——十件摄影作品博物馆设计

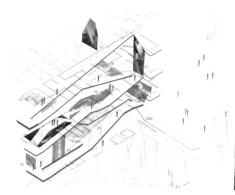

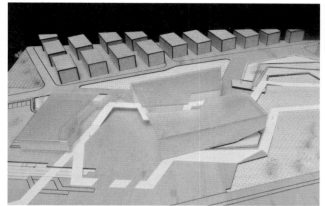

王逸轩
浙江大学建筑工程学院 三年级
指导教师：王卡

ACROSS THE MAGNETIC
FIELD OF SPORT
——社区体育中心设计

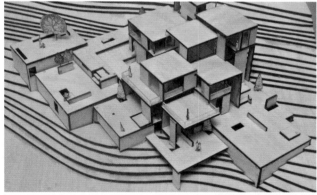

王元钊
湖南大学建筑学院 二年级
指导教师：李煦

渗透
——流动空间的竖向演绎

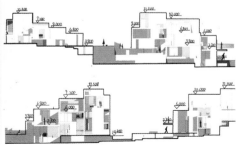

王梓瑞
安徽建筑大学建筑与城市规划学院 三年级
指导教师：戴慧

一种文脉三个层次
——黟县朱村会所改扩建设计

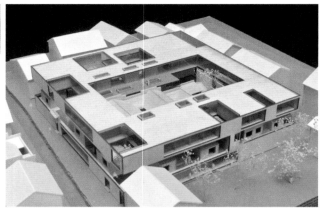

王梓瑜
沈阳建筑大学建筑与规划学院 三年级
指导教师：高畅

A LEAF FALL IN HUNAN
——客运站设计

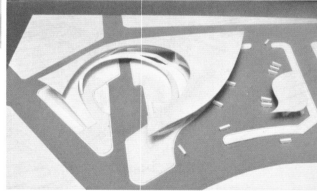

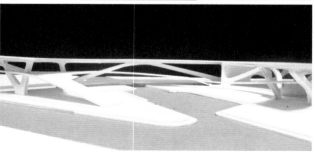

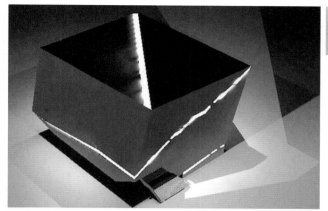

韦兴利
浙江大学建筑建工学院 三年级
指导教师：王裕华（台湾科技大学）

历史的轨迹

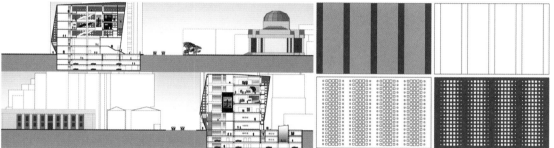

CHINA
2013 建筑新人赛 BEST 100

魏鸣宇
西安建筑科技大学建筑学院 二年级
指导教师：陈静

消隐的山宇
——旅馆设计

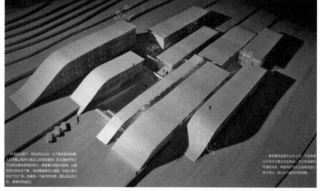

温子申
东南大学建筑学院 三年级
指导教师：唐芃

校园食堂改造
——艺术设计工作坊

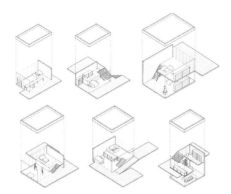

CHINA
2013 建筑新人赛 BEST 100

邬皓南
华南理工大学建筑学院 三年级
指导教师：凌晓红

DANCING BETWEEN BLOCKS
——大学图书馆设计

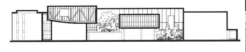

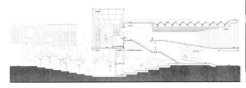

吴舒瑞
同济大学建筑与城市规划学院 三年级
指导教师：祝晓峰

林语禅
——上海龙华寺塔前广场设计

吴一帆
天津大学建筑学院 三年级
指导教师：汪丽君

林之处
——台湾车埕赛德克人之家

伍铭萱
东南大学建筑学院 二年级
指导教师：朱雷

游船码头设计

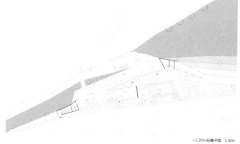

+2.20m标高平面 1:400

肖 蔚
华中科技大学建筑与城市规划学院 三年级
指导教师：何黛文

LINKING
——青年社会住宅设计

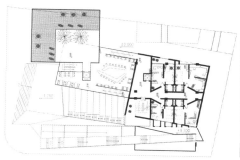

谢 燮

华南理工大学建筑学院 三年级

指导教师：罗林海

山村·岭南艺术博物馆设计

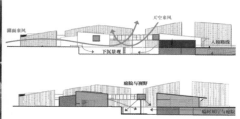

徐晨鹏

同济大学建筑与城市规划学院 三年级

指导教师：水雁飞

屋顶乐园
——上海高密度城区幼儿园设计

分隔和斜面屋顶提供趣味

大坡顶是活动的中央区域

结构裸露区是剧烈活动区

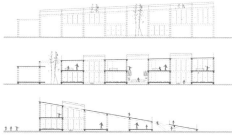

徐浩翔
香港大学建筑系 三年级
指导教师：高岩

THE THEATRE BEGINS HERE

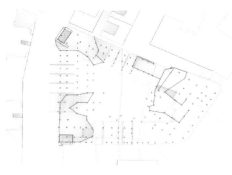

徐钰茗
青岛理工大学建筑学院 二年级
指导教师：郝赤彪

心灵的栖息地
——城市夹缝中的 "体验会所"

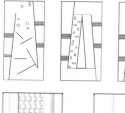

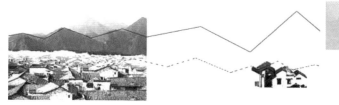

徐煜超
苏州科技学院建筑与城市规划学院 二年级
指导教师：罗朝阳

河街的启示
——大学生活动中心设计

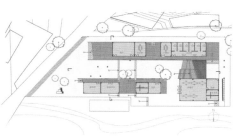

许天心
中国美术学院建筑艺术学院 二年级
指导教师：钱晨

面向西湖的空间叙事
——沿湖画廊设计

阎六艺

大连理工大学建筑与艺术学院 三年级

指导教师：吴亮

城山
——滨海温泉度假酒店设计

杨丹凝

天津大学建筑学院 三年级

指导教师：刘彤彤 胡一可 张昕楠

社区活动中心设计

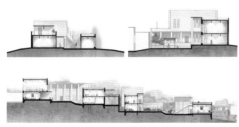

杨天仪
南京大学建筑与城市规划学院 三年级
指导教师：窦平平

关与系
——城市建筑：商业+观演

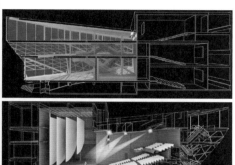

CHINA
2013 建筑新人赛 BEST 100

葉倩盈
香港大学建筑系 二年级
指导教师：Joshua Bolchover

SHAU KEI WAN MARINE LABORATORY AND EDUCATION CENTRE

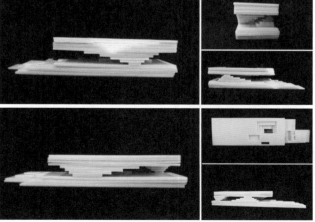

CHINA
2013 建筑新人赛 BEST 100

尹 彦
同济大学建筑与城市规划学院 三年级
指导教师：杨春侠

山地瑜伽俱乐部

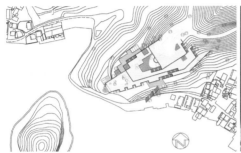

CHINA
2013 建筑新人赛 BEST 100

尤 玮
同济大学建筑与城市规划学院 三年级
指导教师：王方戟

二场一宅

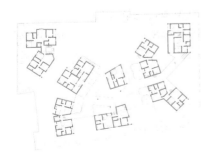

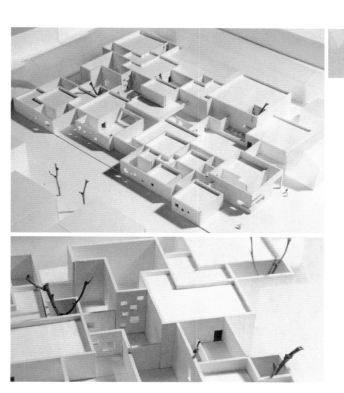

张孟媛

山东建筑大学建筑城规学院 三年级

指导教师：周琮

图书会馆

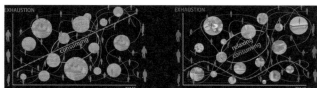

张倩仪

天津大学建筑学院 三年级

指导教师：盛强

ANT COLONY OPTIMIZATION
——跳蚤市场更新纪

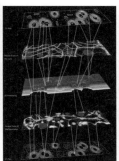

张天翔
天津大学建筑学院 三年级
指导教师：郑颖

自然与文化展示中心

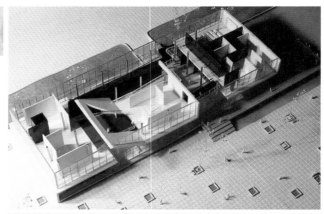

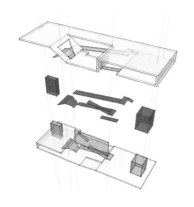

张昕玮
天津大学建筑学院 三年级
指导教师：郑颖

嵌
——天津旧城区的自我更新

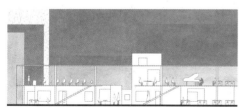

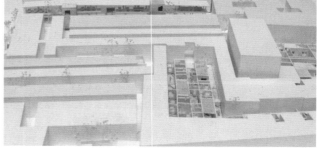

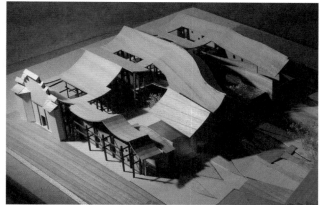

张宇卿
合肥工业大学建筑与艺术学院 三年级
指导教师：王旭

宗祠的重构

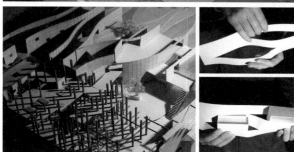

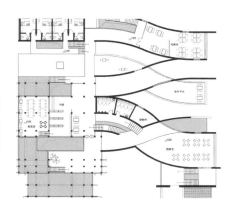

张子豪
天津城建大学建筑学院 三年级
指导教师：任娟

滨海船舶工业博物馆设计

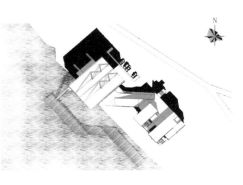

章于田
同济大学建筑与城市规划学院 三年级
指导教师：张斌

我庄
——社区菜场设计

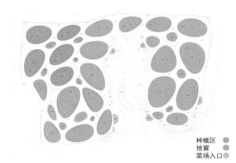

种植区 ●
地窖 ●
菜场入口 ●

周 平
天津大学建筑学院 三年级
指导教师：张昕楠

叠瓦当山
——自然与文化展示中心

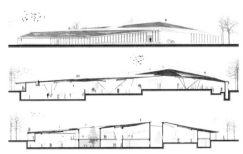

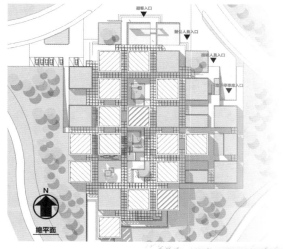

周诗乐

华南理工大学建筑学院 三年级

指导教师：李晋

在岭南传统村落中寻找
——岭南艺术博物馆设计

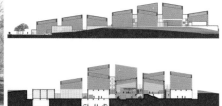

周玉蝉

山东建筑大学建筑城规学院 三年级

指导教师：赵斌

市隐
——中小城市社区活动中心

111

朱啟康
香港大学建筑系 三年级
指导教师：Olivier Ottevaere

CITY ON THE CLIFF: ACTIVATING VERTICAL

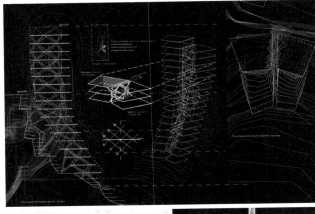

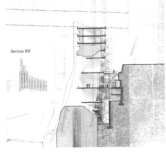

朱荣锟
东南大学建筑学院 三年级
指导教师：夏兵

爬行动物展示中心儿童馆

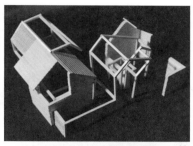

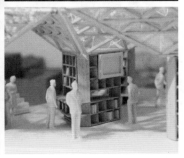

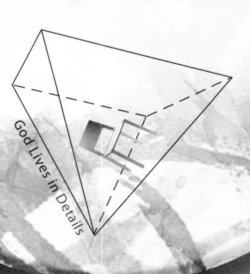

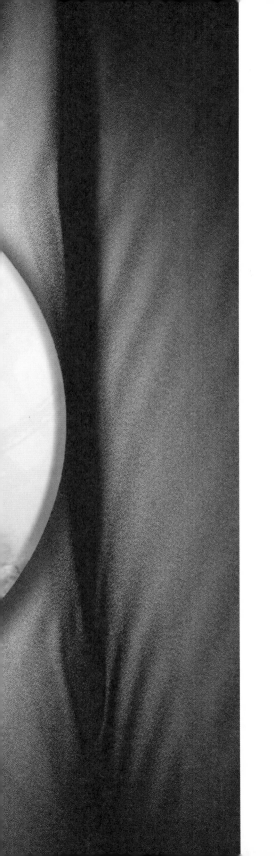

竞赛花絮

2013.07.15

新人赛预赛

2013.08.19

优秀作业展览

2013.08.20

新人赛决赛投票

2013.08.21

新人赛决赛答辩

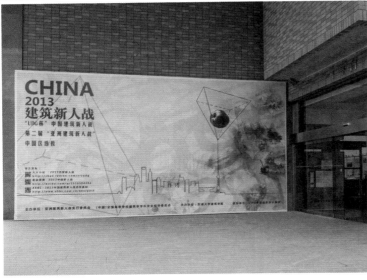

2013.08.21

新人赛决赛答辩

新人赛纪念品

扇子

  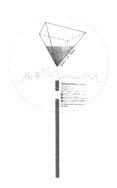 

新人赛纪念品

T恤衫

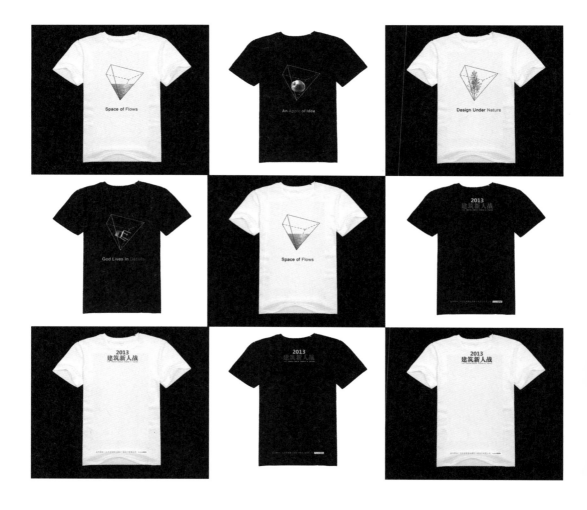

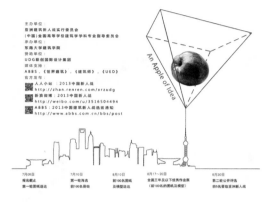

CHINA
2013
建筑新人战
"UDG杯"中国建筑新人战暨第2届"亚洲建筑新人战"
中国区选赛

An Apple of Idea

主办单位:
亚洲建筑新人战实行委员会
(中国)全国高等学校建筑学学科专业指导委员会
承办单位:
东南大学建筑学院
协助单位:
UDG联创国际设计集团
媒体支持:
ABBS,《世界建筑》,《建筑师》,《UED》
官方发布:
人人小站:2013中国新人战
http://zhan.renren.com/xrzudg
新浪微博:2013中国新人战
http://weibo.com/u/3516504494
ABBS:2013中国建筑新人战选报通知
http://www.abbs.com.cn/bbs/post

| 7月06日 报名截止 第一轮网纸送达 | 7月10日 第一轮海选 前100名晋级 | 8月10日 前100名围纸 及模型送达 | 全国三年级以下优秀作业展 (前100名的围纸及模型) 8月17~20日 | 8月30日 第二轮公开评选 前5名晋级亚洲新人战 |

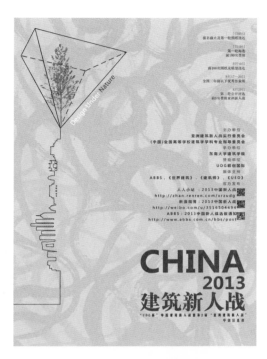

Design Under Nature

CHINA
2013
建筑新人战

主办单位:
亚洲建筑新人战实行委员会
(中国)全国高等学校建筑学学科专业指导委员会
承办单位:
东南大学建筑学院
协助单位:
UDG联创国际
媒体支持:
ABBS,《世界建筑》,《建筑师》,《UED》
官方发布:
人人小站:2013中国新人战
http://zhan.renren.com/xrzudg
新浪微博:2013中国新人战
http://weibo.com/u/3516504494
ABBS:2013中国新人战选报通知
http://www.abbs.com.cn/bbs/post

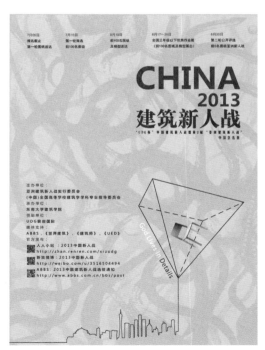

| 7月05日 报名截止 第一轮网纸送达 | 7月15日 第一轮海选 前100名晋级 | 8月10日 前100名围纸 及模型送达 | 全国三年级以下优秀作业展 (前100名图纸及模型展出) 8月17~20日 | 8月30日 第二轮公开评选 前名晋级亚洲新人战 |

CHINA
2013
建筑新人战
"UDG杯"中国建筑新人战暨第2届"亚洲建筑新人战"
中国区选赛

God Lives in Details

CHINA
2013
建筑新人战
"UDG杯"中国建筑新人战暨第3届"亚洲建筑新人战"
中国区选赛

Space of flows

主办单位:
亚洲建筑新人战实行委员会
(中国)全国高等学校建筑学学科专业指导委员会
承办单位:
东南大学建筑学院
协助单位:
UDG联创国际
媒体支持:
ABBS,《世界建筑》,《建筑师》,《UED》
官方发布:
人人小站:2013中国新人战
http://zhan.renren.com/xrzudg
新浪微博:2013中国新人战
http://weibo.com/u/3516504494
ABBS:2013中国建筑新人战选报通知
http://www.abbs.com.cn/bbs/post

| 7月05日 报名截止 第一轮网纸送达 | 7月10日 第一轮海选 前100名晋级 | 8月10日 前100名围纸 及模型送达 | 全国三年级以下优秀作业展示 (前100名的围纸与模型) 8月17~20日 | 8月30日 第二轮公开评选 前名晋级亚洲新人战 |

127

参 赛 名 录

参赛者名录

A
安 琪　华中科技大学
安太然　北京大学

B
包 捷　东南大学

C
蔡 瑞　西安建筑科技大学
曹峻川　天津大学
曹斯好　湖南大学
曹 阳　山东建筑大学
曹远行　天津大学
常 婧　香港大学
常哲晖　东南大学
车雨阳　东南大学
陈北宁　香港大学
陈伯良　同济大学
陈博宇　南京大学
陈 涵　南京工业大学
陈 婧　北京工业大学
陈 静　西安建筑科技大学
陈可臻　华中科技大学
陈 乐　东南大学
陈乐瑶　香港大学
陈若男　南京工业大学
陈姗婍　华南理工大学
陈玮隆　沈阳建筑大学
陈文德　香港大学
陈小雨　浙江大学
陈晓茜　天津城建大学

陈 欣　浙江大学
陈艺丹　同济大学
陈远翔　西安交通大学
陈 卓　东南大学
承晓宇　同济大学
程文轩　哈尔滨工业大学
程 佐　江南大学
丛志涛　天津大学
崔晓萌　西安建筑科技大学
　　　　华清学院
崔 洋　湖南大学
崔玉婧　香港大学

D
戴 坤　沈阳建筑大学
戴 赟　东南大学
戴 震　南京工业大学
邓 虹　青岛理工大学
丁培生　华南理工大学
丁 岩　东南大学
杜秉华　天津城建大学
杜顿康　清华大学
杜若森　天津大学

F
范碧理　天津城建大学
范家铭　沈阳建筑大学
范琳琳　郑州大学
方 铭　北京建筑大学
方潇洋　浙江大学
方 雨　江南大学

冯勃睿　青岛理工大学
冯晨阳　武汉理工大学
冯硕静　东南大学
付北平　北方工业大学
付艺彬　江南大学

G
葛洁麒　北京建筑大学
耿丹阳　河南工业大学
巩红蕾　天津城建大学
巩 意　青岛理工大学
谷 筝　北京建筑大学
顾安琪　江南大学
关嘉艺　北方工业大学
郭骏超　昆明理工大学
郭清涛　山东建筑大学
郭 晓　华南理工大学
郭小溪　北京建筑大学
郭 悦　郑州大学

H
韩力喆　华中科技大学
韩思源　东南大学
韩 懿　天津城建大学
韩宇青　西安建筑科技大学
郝 竞　哈尔滨工业大学
郝文超　天津城建大学
郝 运　大连理工大学
何傲天　华南理工大学
何梦雅　湖南大学
何幸璐　沈阳建筑大学

刘未达　天津大学

刘晓婧　合肥工业大学

刘小康　华南理工大学

刘晓宇　同济大学

刘亚雯　东南大学

刘艺　江南大学

刘英博　北京建筑大学

刘宇　南京大学

刘宇晨　合肥工业大学

刘雨晨　中央美术学院

刘枣亮　江南大学

卢炜　香港大学

卢奕蓝　湖南大学

陆叶　同济大学

栾虹锐　西安建筑科技大学
　　　　华清学院

罗啸天　华南理工大学

吕晨阳　重庆交通大学

吕欣蔚　西安交通大学

M

马方泽　郑州大学

马竞　浙江大学

马赛　北方工业大学

马伟华　湖北美术学院

马文宗　江南大学

马小林　江南大学

马宇婷　天津大学

马忠　哈尔滨工业大学

麦家杰　华南理工大学

苗天宁　青岛理工大学

缪筱凡　东南大学

莫唯书　天津城建大学

牟玉阳光　天津大学

N

倪贤彬　东南大学

聂盼　中南大学

P

彭梓峻　苏州科技学院

Q

漆悦之　北京建筑大学

潜洋　北方工业大学

乔木　华南理工大学

秦璟　天津大学

邱江闽　北方工业大学

邱鑫　天津大学

曲涛　西安建筑科技大学

全轲　大连理工大学

R

任德培　西安建筑科技大学

任广　东南大学

任一鸿　北方工业大学

戎昊　华南理工大学

S

单紫缨　沈阳建筑大学

商正仪　苏州科技学院

邵子力　昆明理工大学

沈冲　重庆大学

沈添　苏州科技学院

盛希晨　浙江大学

施远　浙江大学

石佳　郑州大学

石明雨　天津大学

史纪　同济大学

束逸天　重庆大学

宋词　合肥工业大学

宋盺芫　沈阳建筑大学

宋康　天津城建大学

宋然　重庆大学

宋思远　合肥工业大学

苏航　江南大学

苏婧烨　北方工业大学

苏鑫　北京建筑大学

孙东璐　中央美术学院

孙恩格　武汉大学

孙嘉伦　青岛理工大学

孙世浩　东南大学

孙玮　天津大学

孙欣晔　天津大学

孙欣怡　江南大学

孙心莹　东南大学

孙宇　天津大学

孙雨桐　青岛理工大学

T

谭笑　天津大学

谭舟　沈阳建筑大学

W

汪庭卉　沈阳建筑大学

王傲男　青岛理工大学

王博　西安建筑科技大学

王大玄　哈尔滨工业大学

王大众　山东建筑大学

王凡　北京建筑大学

王浩　中国矿业大学

王计　中央美术学院

王嘉玲　沈阳建筑大学

王建宇	江南大学	魏崃晨晓	北方工业大学	徐茹晨	浙江理工大学
王 珏	沈阳建筑大学	魏鸣宇	西安建筑科技大学	徐伟深	南京工业大学
王坤辉	中国美术学院	魏 涛	中央美术学院	徐煜超	苏州科技学院
王 琳	华南理工大学	魏晓宇	湖南大学	徐钰茗	青岛理工大学
王秦豪	西安建筑科技大学	魏易盟	青岛理工大学	许雷力	浙江大学
王 锐	沈阳建筑大学	温子申	东南大学	许天心	中国美术学院
王若琦	天津城建大学	翁金鑫	东南大学	许 源	重庆大学
王 硕	西安建筑科技大学	邬皓南	华南理工大学	薛楚金	武汉大学
王 韬	沈阳建筑大学	吴超然	华南理工大学	薛 腾	天津城建大学
王文涛	沈阳建筑大学	吴 帆	青岛理工大学	薛田田	河南大学
王夏秋	沈阳建筑大学	吴 凡	合肥工业大学	郇 雨	南京工业大学
王 祥	同济大学	吴 昊	中央美术学院		
王 霄	河南工业大学	吴昊阳	湖南大学	Y	
王骁楠	同济大学	吴婧萱	华南理工大学	闫树睿	合肥工业大学
王晓茜	山东建筑大学	吴 盟	北方工业大学	闫志磊	青岛农业大学
王新宇	南京大学	吴舒瑞	同济大学	严柏露	中国美术学院
王燕卿	中央美术学院	吴一帆	天津大学	阎六艺	大连理工大学
王耀亮	中南大学	伍铭萱	东南大学	阎晓旭	天津大学
王一凯	河南大学	武 洲	武汉大学	杨丹凝	天津大学
王懿珏	同济大学			杨迪雯	青岛理工大学
王逸轩	浙江大学	X		杨东奇	天津大学
王 禹	天津大学	夏 沁	浙江大学	杨慧妍	华南理工大学
王 缘	东南大学	肖 琳	天津大学	杨 昆	北京建筑大学
王元钊	湖南大学	肖 蔚	华中科技大学	杨 宁	南京工业大学
王 越	沈阳建筑大学	谢东方	安徽建筑大学	杨睿琳	北方工业大学
王智励	同济大学	谢俊鸿	北方工业大学	杨舒婷	青岛理工大学
王智睿	中国美术学院	谢晓敏	中国美术学院	杨天民	东南大学
王志新	北方工业大学	谢 爕	华南理工大学	杨天仪	南京大学
王子豪	北方工业大学	邢鹏威	华南理工大学	杨雪珂	哈尔滨工业大学
王焯瑶	浙江大学	邢艳龙	沈阳建筑大学	杨 洋	东南大学
王梓瑞	安徽建筑大学	熊泽嵩	湖南大学	杨颖慧	天津城建大学
王梓瑜	沈阳建筑大学	徐晨鹏	同济大学	杨元传	福州大学
韦 拉	西安建筑科技大学	徐浩翔	香港大学	杨肇伦	合肥工业大学
韦兴利	浙江大学	徐培超	华中科技大学	杨 铮	浙江大学

姚桂强	中国美术学院	张倩仪	天津大学	周冠龙	聊城大学
姚 梦	南京大学	张天翔	天津大学	周 平	天津大学
姚佩君	重庆大学	张 薇	中国美术学院	周 琦	西安建筑科技大学
姚 益	郑州大学	张文佳	西安建筑科技大学	周诗乐	华南理工大学
叶倩盈	香港大学	张文倩	天津城建大学	周兴睿	同济大学
尹潇然	北京城市学院	张夏丽	大连理工大学	周 阳	沈阳建筑大学
尹 彦	同济大学	张昕玮	天津大学	周 阳	同济大学
应亦宁	华南理工大学	张昕颖	福州大学	周 洋	合肥工业大学
尤 玮	同济大学	张 珣	北方工业大学	周雨晨	北方工业大学
游 航	重庆大学	张雅琪	北方工业大学	周玉蝉	山东建筑大学
游 睿	河南大学	张 垚	苏州科技学院	周园艺	华南理工大学
游泽浩	哈尔滨工业大学	张一钦	大连理工大学	朱傲雪	沈阳建筑大学
于长祺	华南理工大学	张旖林	河南工业大学	朱 丹	沈阳建筑大学
余 润	华南理工大学	张艺喆	北方工业大学	朱静宜	同济大学
余 啸	天津大学	张漾镱	沈阳建筑大学	朱梦源	重庆大学
虞思靓	东南大学	张宇卿	合肥工业大学	朱啟康	香港大学
袁 野	同济大学	张雨竹	东南大学	朱荣锟	东南大学
		张 跃	青岛理工大学	朱 悦	沈阳建筑大学
		张 铮	华南理工大学	祝贵鹏	大连理工大学
Z		张竹安	香港大学	卓可凡	东南大学
曾阔阔	沈阳建筑大学	张子豪	天津城建大学	邹韵顿	武汉大学
翟羽峰	北方工业大学	张子微	东南大学	祖安琦	天津城建大学
翟玉琨	北京建筑大学	章于田	同济大学		
张爱琳	大连理工大学	赵 健	江南大学		
张冰曦	湖南大学	赵骄阳	北方工业大学		
张 博	青岛理工大学	赵璞真	北京建筑大学		
张博男	天津大学	赵世心	山东建筑大学		
张 驰	青岛理工大学	赵 毅	沈阳建筑大学		
张 晗	昆明理工大学	郑 蒨	东南大学		
张浩然	天津大学	郑文博	中国美术学院		
张 珏	湖南大学	郑 陟	西安建筑科技大学华清学院		
张 濛	大连理工大学				
张 梦	安徽建筑大学	钟 尧	合肥工业大学		
张孟媛	山东建筑大学	周格格	湖南大学		
张 琪	东南大学				

组委会名录

王建国　龚恺　唐芃　屠苏南　朱渊　韩晓峰　张敏

志愿者名录

张 丁（组长）	包宇喆	蔡陈翼	常哲辉	陈 卓	戴 赟	范居正
冯硕静	韩 旭	黄菲柳	黄曼佳	黄永辉	李欣叶	刘亚雯	刘泽怡
陆玮佳	马斯文	米 雪	彭婷婷	覃钰祺	任 广	商祺然	孙诗云
王君美	王一帆	温子申	翁金鑫	伍铭萱	杨柳新	杨梦溪	杨小剑
叶 枝	张宏宇	张 琪	张子微			

致 谢

感谢联创国际设计集团（UDG）对本次竞赛的大力支持！

感谢北京炎黄联合国际工程设计有限公司南京分公司对本次竞赛纪念品的赞助！

内容提要

"亚洲建筑新人赛"源于日本，近几年已成为有日本、中国、韩国、越南、印度、泰国、马来西亚、柬埔寨、缅甸等亚洲多国参加的一项建筑学三年级及以下学生作业竞赛。其目的是为了促进亚洲地区建筑学本科教学水平的共同提高，充分加强亚洲各国建筑院校学生之间的直接对话，建立一个亚洲建筑教育的交流平台。"中国建筑新人赛"是一项全国建筑学三年级及以下学生课程设计作业选拔赛。这个赛事是"亚洲建筑新人赛"中国赛区的选拔。由于竞赛形式采用公开评选和展览的方式，它同时也较全面地展现了全国各大高校建筑学教育现状。

本书以2013年在南京举办的中国建筑新人赛为主线，介绍了这个赛事从组织、选拔，到展览、评审的全过程，展现了一种新颖的学生设计作业竞赛的操作思路和方式：选题自由，评选公开，重在交流。

本书可供建筑学专业师生及对建筑设计及教学感兴趣者阅读参考。

图书在版编目（CIP）数据

2013 中国建筑新人赛 / 唐芃主编 ． -- 南京 ： 东南
大学出版社，2014.7
ISBN 978-7-5641-5018-1

Ⅰ．① 2… Ⅱ．①唐… Ⅲ．①建筑设计 - 竞赛 - 介绍
- 中国 -2013 Ⅳ．① TU2

中国版本图书馆 CIP 数据核字（2014）第 116412 号

出版发行	东南大学出版社
出 版 人	江建中
策划编辑	戴 丽
责任编辑	姜 来 朱震霞
装帧设计	唐 芃 刘亚雯
网 址	http://www.seupress.com
电子邮箱	press@seupress.com
社 址	南京市四牌楼2号
邮 编	210096
电 话	025-83793191（发行） 025-57711295（传真）
经 销	全国各地新华书店
印 刷	利丰雅高印刷（深圳）有限公司
开 本	787mm×1092mm 1/16
印 张	8.75
字 数	162 千
版 次	2014年7月第1版
印 次	2014年7月第1次印刷
书 号	ISBN 978-7-5641-5018-1
定 价	42.00元

本社图书若有印装质量问题，请直接与营销部联系。电话（传真）：025-83791830